21 世纪高等院校电气工程与自动化规划教材

21 century institutions of higher learning materials of Electrical Engineering and Automation Planning

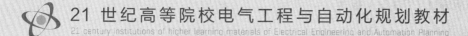

DSP Technology and Application of Experimental Guidance

DSP
技术与应用实验指导

段丽娜　主编

U0370171

人民邮电出版社

北 京

图书在版编目（CIP）数据

DSP技术与应用实验指导 / 段丽娜主编. -- 北京：
人民邮电出版社，2013.12
21世纪高等院校电气工程与自动化规划教材
ISBN 978-7-115-32655-3

Ⅰ．①D… Ⅱ．①段… Ⅲ．①数字信号处理－高等学
校－教材 Ⅳ．①TN911.72

中国版本图书馆CIP数据核字(2013)第236406号

内 容 提 要

本书着重介绍了 TMS320C54X/LF2407 系列 DSP 相关实验，实验指导中给出了实验原理、完整的源
程序，以及上机汇编、链接、调试过程，初学者可以按照书中给出的步骤动手操作，在实践中掌握 DSP
应用技术。

本书可作为电子与通信、自动化专业高年级本科生和研究生学习 DSP 实验课程的教材，也可供从事
DSP 芯片开发与应用的工程技术人员参考。

◆ 主　　编　段丽娜
　　责任编辑　王小娟
　　责任印制　沈　蓉　杨林杰

◆ 人民邮电出版社出版发行　　北京市丰台区成寿寺路 11 号
　　邮编　100164　电子邮件　315@ptpress.com.cn
　　网址　http://www.ptpress.com.cn
　　北京昌平百善印刷厂印刷

◆ 开本：787×1092　1/16
　　印张：15　　　　　　　　　　　　2013 年 12 月第 1 版
　　字数：374 千字　　　　　　　　　2013 年 12 月北京第 1 次印刷

定价：30.00 元
读者服务热线：**(010)81055256**　　印装质量热线：**(010)81055316**
反盗版热线：**(010)81055315**
广告经营许可证：京崇工商广字第 0021 号

德州仪器 TI 公司的 DSP 芯片在市场上占主导地位，目前 TI 主推的有 3 种系列的 DSP，分别是 DSP2000 系列、DSP5000 系列和 DSP6000 系列。它们的应用各不相同，DSP2000 系列芯片用于电动机控制、家用电器和变频电源控制等，DSP5000 系列芯片用于手机、便携式媒体播放器和数码相机等，DSP6000 系列用于无线机站、视频流、视频会议和视频安全防护等。

DSP 实验开发系统是 DSP2000 和 DSP5000 二合一的实验系统，实验系统包含了 DSP5000 类实验和 DSP2000 类实验。

DSP5000 类实验主要介绍了 TI 的 TMS320VC54X 系列 DSP 的技术和应用实例，关于 DSP 的原理学习请参考相关教材。DSP2000 类实验主要介绍 TI 的 TMS320LF240X 系列的 DSP 的资源应用实验。

本实验指导书主要介绍 DSP5000 类应用实验，基础实验；DSP2000 类的应用实验，实现 TMS320LF2407A 的基本资源应用实验，另外还添加了一些电动机控制实验，控制对象有直流电动机和交流电动机。

用户除了完成实验指导书上规定的实验外，还可以根据指导书中提供的原理图和源代码来完成自己的项目开发和电子设计。

编者在编写本书过程中得到了华中科技大学武昌分校徐盛林教授的大力支持和帮助，此外也得到了李川香教授、雷丹、陈强、李静、吴雯、何为老师的帮助，也感谢人民邮电出版社为选题、立项、编审所作出的贡献。

由于编者水平有限，书中不妥和疏漏之处在所难免，恳请广大读者批评指正！

编　者

目　　录

第一部分　　C5000/2000 DSP 实验箱介绍

第二部分　C5000/2000 DSP 实验项目

第一部分

C5000/2000 DSP
实验箱介绍

本章主要对开发系统选用的 DSP 芯片及开发系统的硬件使用方法进行介绍，使用户对本产品有一个具体深入的了解。

1.1 DSP 芯片简介

本产品选用的是 TI 公司的 TMS320C54X 系列的 DSP 芯片，TMS320C5X 是 TI 公司的第五代产品，是继 TMS320C1X 和 TMS320C2X 之后的第三代 16 位定点 DSP 处理器。TMS320C5X 的性能达到 20～50 MIPS，在典型应用中能耗降至 2.35 mA/MIPS。它的核心中央处理器（CPU）以 TMS320C25 的核心 CPU 为基础，增强型结构大幅度地提高了整体性能。

TMS320C5X 工作速度是 TMS320C25 的 2 倍以上，对于 TMS320C1X 和 TMS320C2X 具有源代码向下兼容特性。这种兼容性保留了过去开发的软件，便于系统升级到更高性能的 DSP 系统。TMS320C5X 系列有 TMS320C50/C51/C52/C53/C54 等多种产品，它们的主要区别是片内 RAM、ROM 等资源的多少。其中，TMS320C54X 具有以下优点。

- 改进的哈佛结构。围绕 1 组程序总线、3 组数据总线和 4 组地址总线建立的哈佛结构，使得性能和多功能性都得以提高。
- 具有高度并行性和专用硬件逻辑的 CPU 设计，使芯片性能大大提高。
- 高度专业化指令集，更适用于快捷算法的实现和高级语言编程的优化。
- 模块化结构的设计，使派生器件得到了更快的发展。
- 最新的 IC 制造工艺，提高了芯片性能，降低了功耗。
- 最新的静态设计技术使得芯片具有更低的功耗和更强的辐射能力。这些使得 C54X 特别适用于远程通信实时嵌入式应用的需要。

1.2 TMS320C54X 的主要特性

- 多总线结构，3 组 16 bit 数据总线和 1 组程序总线。
- 40 bit 算术逻辑单元（ALU），包括一个 40 bit 桶形移位器和两个独立的 40 bit 累加器。
- 17 bit×17 bit 并行乘法器，连接一个 40 bit 的专用加法器，可用来进行非流水单周期乘/加（MAC）运算。
- 比较、选择和存储单元（CSSU）用于 Viterbi 运算器的加/比较/选择。
- 指数编码器在一个周期里计算一个 40 bit 累加器的指数值。

- 两个地址发生器中有 8 个辅助寄存器和两个辅助寄存器算术单元（ARAUs）。
- 数据总线具有总线保持特性。
- C548 具有扩展寻址方式，最大可寻址扩展空间为 8 M×16 bit。
- 可访问的存储器空间最大可为 196 K×16 bit（64 K 程序存储器，64 K 数据存储器和 64 K I/O 存储器）。
- 支持单指令循环和块循环。
- 存储块移动指令提供了更好的程序和数据管理。
- 支持 32 bit 长操作数指令，支持两个或 3 个操作数读指令，支持并行存储和并行装入的算术指令，支持条件存储指令及中断快速返回指令。
- 软件可编程等待状态发生器和可编程的存储单元转换。
- 连接内部振荡器或外部时钟源的锁相环（PLL）发生器。
- 支持 8 bit 或 16 bit 传送的全双工串口（C541、LC541、LC545 和 LC546）。
- 时分多用（TDM）串口（C542、LC542、LC543、LC548）。
- 缓冲串口（BSP）（C542、LC542、LC543、LC545、LC546 和 LC548）。
- 8 bit 并行主机接口（HPI）（C542、LC542、LC545 和 LC548）。
- 1 个 16 bit 定时器。
- 外部输入/输出（XIO）关闭控制，禁止外部数据总线、地址总线和控制总线。
- 片内基于扫描的仿真逻辑，JTAG 边界扫描逻辑（IEEE 1149.1）。
- 单周期定点指令执行时间可达 15 ns。

1.3　TMS320C54X 的结构

1.3.1　结构概述

TMS320C54X 是 16bit 定点 DSP，采用改进的哈佛结构。C54X 有 1 组程序总线和 3 组数据总线，高度并行性的算术逻辑单元（ALU），专用硬件逻辑，片内存储器，片内外设和高度专业化的指令集，使该芯片速度更高，操作更灵活。

程序和数据空间分开允许同时对程序指令和数据进行访问，提供了很高的并行度。可以在一个周期里完成两个读和一个写操作。因此，并行存储指令和专用指令可以在这种结构里得到充分利用。另外，数据可以在数据空间和程序空间之间传送。并行性支持一系列算术、逻辑和位处理运算，它们都能在一个机器周期里完成。另外，C54X 具有管理中断、循环运算和功能调用的控制结构。

1.3.2　总线结构

C54X 的结构是围绕 8 组主要的 16 bit 总线（4 组程序/数据总线，4 组地址总线）建立的。
- 程序总线（PB）传送从程序存储器来的指令码和立即数。
- 3 组数据总线（CB、DB 和 EB）连接各种元器件，如 CPU、数据地址产生逻辑、程序地址产生逻辑、片内外设和数据存储器。CB 和 DB 总线传送从数据存储器读出的操作数。EB 总线传送写入到存储器中的数据。
- 4 组地址总线（PAB、CAB、DAB 和 EAB）传送指令所需要的地址。

1.4 中央处理单元

C54X/LC54X 芯片的中央处理单元（CPU）包括以下内容。
- 1 个 40 bit 的算术逻辑单元（ALU）。
- 两个 40 bit 的累加器（ACCA 和 ACCB）。
- 1 个桶形移位器。
- 17 bit×17 bit 并行乘法器。
- 40 bit 加法器。
- 比较、选择和存储单元（CSSU）。
- 指数编码器。
- 各种 CPU 寄存器（CPU 寄存器是存储器映射的，能快速恢复和保存）。

1.4.1 算术逻辑单元

C54X/LC54X 使用 40 bit 的算术逻辑单元（ALU）和两个 40 bit 的累加器（ACCA 和 ACCB）来完成二进制补码的算术运算。同时，ALU 也能完成布尔运算。

1.4.2 累加器

累加器 ACCA 和 ACCB 存放从 ALU 或乘法器/加法器单元输出的数据，累加器也能输出到 ALU 或乘法器/加法器中。累加器可分为 3 个部分。
- 保护位（32～39）。
- 高位字（16～31）。
- 低位字（0～15）。

保护位用来为计算机的前部留空（head margin），防止在迭代运算中产生溢出。AG、BG、AH、BH、AL、BL 都是存储器映射寄存器，由特定的指令将其内容存放到数据存储器中，以及从存储器中读出或写入 32 bit 累加器。同时，任何一个累加器都可以用来作为暂存器使用。

1.4.3 桶形移位器

C54X 的桶形移位器有一个与累加器或数据存储器（CB、DB）相连接的 40 bit 输入和一个与 ALU 或数据存储器（EB）相连接的 40 bit 输出。桶形移位器能把输入的数据进行 0～31 的左移或者 0～16 的右移。这种移位能力使处理器能完成数字定标、位提取、扩展算术和溢出保护等操作。

1.4.4 乘法器/加法器单元

乘法器/加法器与一个 40 bit 的累加器在一个指令周期内完成 17 bit×17 bit 的二进制补码

运算。乘法器有两个输入：一个是从暂存器 T 数据存储器操作数或一个累加器中选择，另一个是从程序存储、数据存储器、一个累加器或立即数中选择。快速的片内乘法器使 C54X 能有效完成卷积、相关和滤波等运算。

1.4.5　比较、选择和存储单元

比较、选择和存储单元（CSSU）完成累加器的高位字和低位字之间的最大值比较，即选择累加器中的较大字并存储在数据存储器中，不改变状态寄存器 ST0 中测试/控制位和传送寄存器（TRN）的值。

1.4.6　指数编码器

指数编码器是用于支持单周期指令 EXP 的专用硬件。

1.4.7　CPU 状态和控制寄存器

C54X 有 3 个状态和控制寄存器，分别为：状态寄存器 ST0、ST1 和处理方式状态寄存器（PMST）。ST0 和 ST1 包括了各种条件和方式的状态，PMST 包括了存储器配置状态和控制信息。

1.5　中央存储器组织

C54X 存储器由 3 个独立可选择的空间组成：程序、数据和 I/O 空间。所有的 C54X 芯片都包括随机存储器（RAM）和只读存储器（ROM）。RAM 又分为两种：双访问 RAM（DARAM）和单访问 RAM（SARAM）。C54X 还有映射到数据存储空间的 26 个 CPU 寄存器和外设寄存器。

1.5.1　片内 ROM

C541 有 28 K×16 bit 片内 ROM。如果 C541 的处理方式状态寄存器中的数据 ROM（DROM）位被置位，那么其中 8 K 的 ROM 可以映射到程序和数据空间。这就允许一条指令使用存储在 ROM 中的数据作为操作数。C545/C546 都是 48 K×16 bit 片内可屏蔽 ROM。如果它们各自的处理器方式状态寄存器中 DROM 位被置位，那么其中 16 K 的 ROM 可以映射到程序和数据空间。C542/C543/C548 都有 2 K×16 的片内 ROM。

在标准的 C54X 片内 ROM 中有一个引导程序，它可以把用户代码调入到程序存储器的任何一个位置。如果 MP/MC 在硬件复位时为低电平，执行从单元 FF80H 开始。这个单元存有转移到引导程序开始处的转移指令。

1.5.2　片内双访问 RAM

C541 有 5 K×16 bit 片内双访问 RAM（DARAM，1K 为一块），C542 和 C543 分别有 10 K×16 bit 的 DARAM（2 K 为一块），C545 和 C546 有 6 K×16 bit 的 DARAM（2 K 为一块），C548 有 8 K×16 bit 的 DARAM（2 K 为一块）。每块都能在一个机器周期里被访问两次。这种存储器往往优先存储数据值，也可以用来存储程序。复位时，DARAM 映射到数据存储空间。DARAM 也可以通过设置 PMST 中的 OVLY 位映射到程序/数据空间。

1.5.3　片内单访问 RAM

片内单访问 RAM（SARAM）由几块组成，每块在一个机器周期里只能访问一次（读或

写）。SARAM 也是优先存储数据，也可以映射到程序空间来存储程序代码。C54X 具有一个可屏蔽存储器的保护选项，用来保护片内存储器的内容。当选定这项时，所有外部产生的指令都不能访问片内存储空间。

1.5.4　存储器映射寄存器

数据存储空间包含了 CPU 和片内外设的存储器映射寄存器。这些寄存器位于数据存储空间的第 0 页，以简化对它们的访问，如表 1.1 所示。

表 1.1　　　　　　　　　　**C54X 系列 DSP 存储器映射寄存器**

名称	地址		说明
	十进制	十六进制	
IMR	0	0	BSP ABU 接收缓冲大小寄存器
IFR	1	1	BSP ABU 接收缓冲大小寄存器
—	2～5	2～5	BSP ABU 接收缓冲大小寄存器
ST0	6	6	BSP ABU 接收缓冲大小寄存器
ST1	7	7	BSP ABU 接收缓冲大小寄存器
AL	8	8	BSP ABU 接收缓冲大小寄存器
AH	9	9	BSP ABU 接收缓冲大小寄存器
AG	10	A	BSP ABU 接收缓冲大小寄存器
BL	11	B	BSP ABU 接收缓冲大小寄存器
BH	12	C	BSP ABU 接收缓冲大小寄存器
BG	13	D	BSP ABU 接收缓冲大小寄存器
TREG	14	E	BSP ABU 接收缓冲大小寄存器
TRN	15	F	BSP ABU 接收缓冲大小寄存器
AR0	16	10	BSP ABU 接收缓冲大小寄存器
AR1	17	11	BSP ABU 接收缓冲大小寄存器
AR2	18	12	BSP ABU 接收缓冲大小寄存器
AR3	19	13	BSP ABU 接收缓冲大小寄存器
AR4	20	14	BSP ABU 接收缓冲大小寄存器
AR5	21	15	BSP ABU 接收缓冲大小寄存器
AR6	22	16	BSP ABU 接收缓冲大小寄存器
AR7	23	17	BSP ABU 接收缓冲大小寄存器
SP	24	18	BSP ABU 接收缓冲大小寄存器
BK	25	19	BSP ABU 接收缓冲大小寄存器
BRC	26	1A	BSP ABU 接收缓冲大小寄存器
RSA	27	1B	BSP ABU 接收缓冲大小寄存器
REA	28	1C	BSP ABU 接收缓冲大小寄存器

续表

名称	地址		说明
	十进制	十六进制	
PMST	29	1D	BSP ABU 接收缓冲大小寄存器
XPC	30	1E	BSP ABU 接收缓冲大小寄存器
—	31	1F	BSP ABU 接收缓冲大小寄存器
BDRR	32	20	BSP ABU 接收缓冲大小寄存器
BDXR	33	21	BSP ABU 接收缓冲大小寄存器
BSPC	34	22	BSP ABU 接收缓冲大小寄存器
BSPCE	35	23	BSP ABU 接收缓冲大小寄存器
TIM	36	24	BSP ABU 接收缓冲大小寄存器
PRD	37	25	BSP ABU 接收缓冲大小寄存器
TCR	38	26	BSP ABU 接收缓冲大小寄存器
—	39	27	BSP ABU 接收缓冲大小寄存器
SWWSR	40	28	BSP ABU 接收缓冲大小寄存器
BSCR	41	29	BSP ABU 接收缓冲大小寄存器
—	42～43	2A～2B	BSP ABU 接收缓冲大小寄存器
HPIC	44	2C	BSP ABU 接收缓冲大小寄存器
TRCV	48	30	BSP ABU 接收缓冲大小寄存器
TDXR	49	31	BSP ABU 接收缓冲大小寄存器
TSPC	50	32	BSP ABU 接收缓冲大小寄存器
TCSR	51	33	BSP ABU 接收缓冲大小寄存器
TRTA	52	34	BSP ABU 接收缓冲大小寄存器
TRAD	53	35	BSP ABU 接收缓冲大小寄存器
—	54～55	36～37	BSP ABU 接收缓冲大小寄存器
AXR	56	38	BSP ABU 接收缓冲大小寄存器
BKX	57	39	BSP ABU 接收缓冲大小寄存器
ARR	58	3A	BSP ABU 接收缓冲大小寄存器
BKR	59	3B	BSP ABU 接收缓冲大小寄存器

以下对一些寄存器做简单的介绍。

- 辅助寄存器（AR0～AR7）。

8 个 16 bit 的辅助寄存器（AR0～AR7）能被 CALU 访问，也能被辅助寄存器算术单元（ARAUs）修改。它们最主要的功能是产生 16 bit 的数据空间。

- 暂存器（TREG）。

TREG 为乘法指令和乘/累加指令存放一个乘数，它能为带有移位操作的指令，如 ADD、LD 和 SUB 存放一个动态的（执行时间可编程）移位计数，也能为 BITT 指令存放一个动态地址。EXP 指令把计算出的指数值存入 TREG，而 NORM 指令将 TREG 的值归一化。

- 过渡寄存器（TRN）。

TRN 是一个 16 bit 的寄存器，用来为得到新的度量值存放中间结果，以完成 Viterbi 算法。CMPS（比较、选择和存储）指令在累加器高位字和低位字进行比较的基础上修改 TRN 的内容。

- 堆栈指针寄存器（SP）。

SP 是存放栈顶地址的 16 bit 寄存器。SP 总是指向压入堆栈的最后一个数据。中断、陷阱、调用、返回和 PUSHD、PUSHM、POPD 以及 POPM 等指令都要进行堆栈处理。

- 循环缓冲大小寄存器（BK）。

由 ARAUs 用来在循环寻址中确定数据块的大小。

- 块循环寄存器（BRC、RSA、REA）。

块循环计数器（BRC）在块循环时确定一块代码所需循环的次数。块循环开始地址（RSA）是需要循环的程序块的开始地址。块循环尾地址（REA）是循环程序块的结束地址。

- 中断寄存器（IMR、IFR）。

中断屏蔽寄存器（IMR）在需要的时候独立地屏蔽特定的中断。中断标志寄存器（IFR）用来指明各个中断的目前状态。

1.6 C54X 芯片外部设备

所有的 C54X 都有相同的 CPU，但它们的 CPU 对应了不同的片内外设。C54X 芯片有以下片内外设：通用 I/O 引脚（BIO 和 XF）、软件可编程等待状态发生器、可编程的块切换逻辑、主机接口（HPI）、硬件定时器、时钟发生器和串口。

1.6.1 通用 I/O 引脚

每一种 C54X 芯片都有两个通用 I/O 引脚——BIO 和 XF。BIO 是用来监测外部设备状态的输入引脚。在对时间要求很严格的循环不能被外设中断所打断的时候，可以用 BIO 脚来代替中断与外设相连，根据 BIO 输入的状态来执行一个转移。XF 用于发信号给外部设备，通过软件进行控制。

1.6.2 软件可编程等待状态发生器

软件可编程等待状态发生器都可以把外部总线周期扩展到 7 个机器周期，以适应较慢的片外存储器和 I/O 设备。它不需要任何外部硬件，只由软件完成。

1.6.3 可编程块切换逻辑

可编程块切换逻辑在访问越过存储器块边界，或从程序存储器跨越到数据存储器时，能自动插入一个周期。这个额外的周期允许存储器器件在其他器件开始驱动总线之前释放总线，以防止总线竞争。

1.6.4 主机接口

主机接口（HPI）是一个 8bit 的并口，提供 C54X 与主处理机的接口，如表 1.2 所示。C54X

和主处理机都可以访问 C54X 的片内存储器，并且通过它进行信息交换。

表 1.2　　　　　　　　　　　　　**C54X 系列 DSP 主机接口**

片内外设	C541	C542	C543	C545	C546	C548
主机接口	0	1	0	1	0	1

1.6.5　硬件定时器

C54X 有一个带有 4bit 预定标器（PSC）的 16bit 的定时电路。这个定时计数器在每个时钟周期中减 1，每当计数器减至 0 时就会产生一个定时中断。可以通过设置特定的状态位来使定时器停止、恢复运行、复位或停止。

1.6.6　时钟发生器

时钟发生器由一个内部振荡器和一个锁相环电路组成。它可以通过内部的晶振或外部的时钟源驱动。锁相环电路能使时钟源乘上一个特定的系数，以得到一个内部 CPU 时钟。

1.6.7　串口

各种 C54X 芯片配有不同的串口，分为 3 种类型：同步串口、缓冲串口和时分多用（TDM）串口，如表 1.3 所示。

表 1.3　　　　　　　　　　　　　**C54X 系列 DSP 串口**

串口	C541	C542	C543	C545	C546	C548
同步	2	0	0	1	1	0
缓冲	0	1	1	1	1	2
TDM	0	1	1	0	0	1

- 同步串口。

同步串口是高速、全双工串口，提供与编码器、A/D 转换器等串行设备之间的通信。如果一块 C54X 芯片中有多个同步串口，则它们是相同的但是独立的。每个同步串口都能工作到 1/4 机器周期频率（CLKOUT）。同步串口发送器和接收器是双向缓冲的，单独由可屏蔽的外部中断信号控制，数据可以 bytes 或字传送。

- 缓冲串口。

缓冲串口（BSP）是在同步串口的基础上增加了自动缓冲单元，并以整 CLKOUT 频率计时。它是全双工和双缓冲的，以提供灵活的数据串长度。自动缓冲单元支持高速传送并能降低服务开销。

- 时分多用串口。

时分多用（TDM）串口是一个允许数据时分多用的同步串口。它既能工作在同步方式下也能工作在 TDM 方式下，在多处理器中得到广泛应用。

1.7　外部总线接口

C54X 能对 64K 的程序存储器、64K 的数据存储器和 64K 的并行 I/O 口寻址。对外部存储器或 I/O 的访问通过外部总线进行。独立的空间选择信号 DS、PS 和 IS 允许进行物理上分开的空间选择。

接口的外部输入信号和软件产生的等待状态允许处理器与各种不同速度的存储器和 I/O 设备相连。接口的保持模式使得外部设备能控制 C54X 的总线，这样外部设备就能访问程序、数据和 I/O 空间资源。

C54X 的大部分指令都能访问外部存储器，但访问 I/O 需要使用特殊的指令，如 PORTR 和 PORTW。

1.8　IEEE 1149.1 标准扫描逻辑

IEEE 1149.1 标准扫描逻辑电路用于仿真和测试，它提供对所连设备的边界扫描。同时，它也能用来测试引脚的连续性，以及完成 C54X 芯片的外围器件的操作测试。IEEE 1149.1 标准扫描逻辑与能访问片内所有资源的内部扫描电路相连。因此，C54X 能使用 IEEE 1149.1 标准串行扫描引脚和专用仿真引脚来完成在线仿真。

1.9　TMS320C54X 引脚和信号说明

TMS320C54X 基本采用薄的塑料或陶瓷四方扁平封装（TQFP），如图 1.1 所示。下面给出 C54X 的引脚说明及对应的信号说明，如表 1.4 所示。表 1.4 中的 I 是输入，O 是输出，Z 是高阻态，S 是电源。

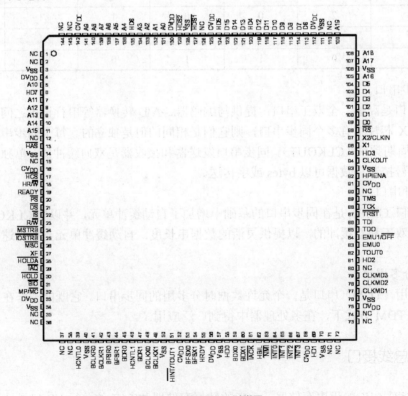

图 1.1　TMS320C54X 引脚图

表 1.4　　　　　　　　　　**C54X 系列 DSP 引脚信号说明**

地址与数据信号

A22～A0	O/Z	并行地址总线，用于寻址片外数据/程序存储器及 I/O。A15～A0 在保护模式下或 EMU1/OFF 为低电平时呈高阻态。A22～A16 用于扩展程序存储器寻址（LC548only）。具有总线保持特性
D15～D0	I/O/Z	并行数据总线，在 CPU 和片外数据/程序存储器或 I/O 器件间传递数据。当没有输出或当/RS 或/HOLD 起作用时，D15～D0 呈高阻；当 EMU1/OFF 为低时，也呈高阻。具有总线保持特性

初始化、中断和复位操作

/IACK	O/Z	中断响应信号，说明芯片收到了一个中断，程序计数起位于 A15～A0 所指定的中断向量单元。当 EMU1/OFF 为低时，呈高阻态
/INT0～/INT3	I	外部用户中断输入。它们具有优先权，能通过中断屏蔽寄存器和中断方式位屏蔽。另外，/INT0～3 能通过中断标志寄存器复位
NMI	I	非屏蔽外部中断输入引脚
/RS	I	复位输入，PC 指向 0FF80H。影响各种寄存器和状态位
MP/MC	I	微处理器/微计算机方式选择引脚。如果复位时信号为低，那么内部程序 ROM 将映射到程序存储空间的前 28 K。否则，DSP 将访问片外存储器和其相应的地址
CNT	I	I/O 电平选择。对于 5 V，CNT 下拉至低电平，输入输出电平与 TTL 兼容。对于 3 V 则是与 CMOS 兼容的 I/O 接口电平

多处理信号

/BIO	I	转移控制输入。/BIO 为低，执行一个条件转移指令
XF	O/Z	外部标志输出（软件可控信号）XF 可用于在多处理器结构中相互通信，也可作通用输出脚

存储器控制信号

/DS、/PS、/IS	O/Z	数据、程序、I/O 空间选择信号。/DS、/PS、/IS 除非与一个特定的外部空间通信时为低，其他时候总为高。在保持方式或 EMU1/OFF 为低时进入高阻态
/MSTRB	O/Z	存储器选通信号。通常为高，在访问外部数据或程序存储器时为低
READY	I	数据准备好输入信号。说明一个外设正准备好数据传输
R/W	O/Z	读/写信号。与外设通信时的传递方向。保持方式或 EMU1/OFF 为低时进入高阻态
/IOSTRB	O/Z	I/O 选通信号。通常为高，在访问一个 I/O 设备时为低
/HOLD	I	保持输入。用于请求对地址、数据和控制线的控制。当收到 54X 的响应输入时，地址、数据和控制线进入高阻态
/HOLDA	O/Z	/HOLD 响应信号。对外部电路表明 DSP 进入保持状态，地址、数据和控制线呈高阻态。允许外部电路访问本地存储器
/MSC	O/Z	微状态完成信号，与 READY 线相连。当最后一个片内软件等待状态执行时，该信号变为低，迫使一个片外等待状态。当 EMU1/OFF 为低时，MSC 呈高阻态
/IAQ	O/Z	当有一条指令在地址总线上寻址时，该信号有效。当 EMU1/OFF 为低时，呈高阻态

续表

振荡器/定时信号

CLKOUT	O/Z	主时钟输出信号。周期为 CPU 的机器周期。片内的机器周期与该信号的上升沿同步。当 EMU1/OFF 为低时呈高阻态
CLKMD1～3	I	时钟模式片外/片内输入信号。该信号允许选择不同的时钟方式，如：晶振、外部时钟和各种 PLL 系统
X2/CLKIN	I	从晶振到内部振荡器的输入引脚。如果没有使用内部振荡器，外部时钟由该引脚输入
XI	O	内部振荡器到晶振的输出引脚。如果没有使用内部振荡器，XI 应该不接
TOUT	O	定时器输出。在片内定时计数器减至 0 时产生一个脉冲信号，一个时钟周期宽度。TOUT 同时在 EMU1/OFF 为低时呈高阻态

缓冲串口 0 和串口 1 信号

BCLKR0 BCLKR1	I	接收时钟，输入的外部时钟用于从数据接收引脚到缓冲串口接收移位寄存器的时序控制。在缓存串口传递期间，必须有该信号。如果没使用串口，可以把 BCLKR0/1 作为一个输入通过 SPC 寄存器的 IN0 位进行采样
BCLKX0 BCLKX1	I/O/Z	发送时钟，用于从串口发送移位寄存器到数据发送引脚的时序控制。如果串口移位寄存器的 MCM 位清 0，可以把 BCLKX 作为一个输入。当 MCM 置 1，也可以受时钟频率为 1/（CLKDV+1）的器件驱动。如果没有使用缓冲串口，可以把 BCLKX0/1 作为一个输入通过 SPC 寄存器的 IN0 位被采样。在 EMU1/OFF 为低时呈高阻态
BDR0 BDR1	I	可缓冲的串行数据输入。串行数据由 BDR0/BDR1 在 RSR 中接收
BDX0 BDX1	O/Z	可缓冲的串行发送输出。串行数据通过 BDX 从 XSR 发送。当没有数据发送或 EMU1/OFF 为低时呈高阻态
BFSR0 BFSR1	I	用于接收输入的帧同步脉冲。BFSR 脉冲下降沿初始化一个数据发送过程，同时启动 RSR 的时钟
BFSX0 BFSX1	I/O/Z	发送可输入/输出的帧同步脉冲。下降沿初始化一个数据发送过程，同时启动 XSR 的时钟。复位后，在缺省操作条件下 BFSX 作为一个输入。当串行控制寄存器的 TXM 置 1 时，BFSX0/1 可以通过软件选择设置为输出。在 EMU1/OFF 为低时呈高阻态

串口 0 和串口 1 信号

CLKR0 CLKR1	I	接收时钟，用于从数据接收引脚到缓冲串口接收移位寄存器的时序控制。在串口传递期间，必须有该信号。如果没使用串口，可以把 CLKR0/1 作为一个输入通过 SPC 寄存器的 IN1 位被采样
CLKX0 CLKX1	I/O/Z	发送时钟，用于从串口发送移位寄存器到数据发送引脚的时序控制。如果串口控制寄存器中的 MCM 位清零，可以把 CLKX 作为一个输入。如果没使用串口，可以把 CLKX0/1 作为一个输入通过 SPC 寄存器的 IN1 位采样
DR0 DR1	I	串行数据接收输入。串行数据由 DR 在 RSR 中接收
DX0 DX1	O/Z	串行发送输出。串行数据通过 DX 从 XSP 发送。当没有数据发送或 EMU1/OFF 为低时呈高阻态
FSR0 FSR1	I	用于接收输入的帧同步脉冲。FSR 脉冲下降沿初始化一个数据发送过程，同时启动 RSR 的时钟
FSX0 FSX1	I/O/Z	用于发送的可输入/输出的帧同步脉冲。下降沿初始化一个数据发送过程，同时启动 XSR 的时钟。复位后，在缺省操作条件下 FSX 作为一个输入。当串行控制寄存器的 TXM 置 1 时，FSX0/1 可以通过软件选择设置为输出

TDM 串口信号		
TCLKR	I	TDM 接收时钟输入
TDR	I	TDM 串行数据接收输入
TFSR/TADD	I/O	TDM 接收帧同步或 TDM 地址
TCLKX	I/O/Z	TDM 发送时钟
TDX	O/Z	TDM 串行数据发送输出
TFSX/TFRM	I/O/Z	TDM 发送帧同步
其他引脚		
NC		不连接
主机接口信号		
HD0～HD7	I/O/Z	并行双向数据总线，HD0～HD7 当没有数据输出时或 EMU1/OFF 为低时呈高阻态
HCNTL0 HCNTL1	I	控制脉冲
HBIL	I	字节确认输入
/HCS	I	片选输入
/HDS1 /HDS2	I	数据选通输入
/HAS	I	地址选通输入
HR/W	I	读/写输入
HRDY	O/Z	准备好输出。处理器向外设表示已准备好。EMU1/OFF 为低时呈高阻态
/HINT	O/Z	中断输出。复位时，输出高。EMIU/OFF 为低时呈高阻态
HPIENA	I	HPI 模块选择输入。当选择了主机接口，该信号必须置 1，如果悬空或接地，就不能选择 HPI 模块
电源信号		
CVDD	Supply	VDD.CVDD 是指定的 CPU 核的电源电压
DVDD	Supply	VDD.DVDD 是指定的 I/O 引脚的电源电压
VSS	Supply	Ground.VSS 是指定的器件的电源地
芯片测试引脚		
TEST1	I	只为内部使用保留（LC548only），不连接该引脚（NC）
IEEE 1149.1 测试引脚		
TCK	I	IEEE 标准 1149.1 测试时钟，一般是 50%占空比的固有时钟信号
TDI	I	IEEE 标准 1149.1 测试数据输入，具有上拉电阻的引脚。TDI 在 TCK 的上升沿锁定到所选的指令或数据寄存器
TDO	O/Z	IEEE 标准 1149.1 测试数据输出，所选定的寄存器的内容在 TCK 的下降沿从 TDO 中移出
TMS	I	IEEE 标准 1149.1 测试方法选择，是具有内部上拉电阻的引脚
/TRST	I	IEEE 标准 1149.1 测试复位。当/TRST 为高时，把器件的操作控制交给 IEEE 标准 1149.1 扫描系统。如果该引脚不接或为低时，器件工作在其他的工作状态，从而忽略 IEEE 标准 1149.1 信号

IEEE 1149.1 测试引脚		
EMU0	I/O/Z	仿真中断引脚 0。当/TRST 为低时，为了保证 EMU1/OFF 的有效性，EMU0 必须为高。当/TRST 为高时，EMU0 可用来作为仿真系统的中断信号，且由 IEEE 标准 1149.1 扫描系统来确定是输入还是输出
EMU1/OFF	I/O/Z	仿真中断引脚 1，所有输出禁止。当/TRST 为高时，EMU0 可用来作为仿真系统的中断信号，且由 IEEE 标准 1149.1 扫描系统来决定是作为输入还是输出。当/TRST 为低时，EMU1/OFF 表现为 OFF 的特性。当该信号为低时，迫使所有输出呈高阻态

1.10　实验开发系统使用说明

DSP 系统板框图如图 1.2 所示。

本系统一共包含 12 个模块，包括 TMS320VC5402 插板模块、DSP 仿真机模块、电源模块、信号源模块、LCD 液晶显示模块、A/D&D/A 模块、单片机模块、逻辑输入模块、逻辑控制模块、语音模块、外部存储器模块和面包板模块。

硬件结构说明如下。

1. TMS320VC5402 插板（如图 1.2 所示）

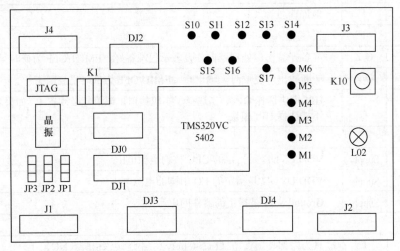

图 1.2　TMS320VC5402 插板

TMS320VC5402 插板插在主板上，从该插板上引出数据总线、地址总线、主机接口（HPI接口）、同步缓冲串口等引脚。

数据、地址总线插座说明如图 1.3 所示。

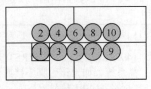

图 1.3　排线插座引脚图

ZY13DSP12BC2 中排线插座都是 10 脚,将排线插座的开口边面向自己,左起为 1 脚,从下至上,从左往右引脚数依次增加,如图 1.3 所示。

TMS320VC5402 插板块引脚说明如表 1.5 所示。

表 1.5　　　　　　　　　　　TMS320VC5402 系统模块引出脚说明

标识	名称	解释
M1	$\overline{PS}$	外部程序存储器片选信号
M2	$\overline{DS}$	外部数据存储器片选信号
M3	$\overline{IS}$	I/O 设备选择信号
M4	$R/\overline{W}$	读/写信号
M5	$\overline{MSTRB}$	外部数据存储器选通信号
M6	$\overline{IOSTRB}$	I/O 设备选择信号
S10	BFSX1	串口 1 的同步发射信号
S11	BDX1	串口 1 的串行数据发射输出,不发送信号时为高阻
S12	BDR1	串口 1 的串行数据接收输入
S13	$\overline{HDS1}$	数据选通信号,由主机控制 HPI 数据传输
S14	$\overline{HINT}$ /TOUT1	HPI 向主机申请中断信号
S15	BCLKX1	串口 1 的发送同步时钟信号
S16	BFSR1	串口 1 的同步接收信号
S17	BCLKR1	串口 1 的接收同步时钟信号
K1.1	CLKMD1	时钟模式引脚
K1.2	CLKMD2	
K1.3	CLKMD3	
K1.4	MP/$\overline{MC}$	微处理器/微控制器选择引脚
DJ0	D0～D7	数据总线的 bit0～bit7
DJ1	D8～D15	数据总线的 bit8～bit15
DJ2	HD0～HD7	HPI 口的数据和控制信号
DJ3	A0～A7	地址总线的 bit0～bit7
DJ4	A8～A15	地址总线的 bit8～bit15

CLKMD1、CLKMD2、CLKMD3 为时钟模式引脚,通过设置这些引脚可以改变 TMS320VC5402 内部时钟。

按键 K1(如图 1.4 所示)从左往右依次连接 DSP 引脚:MP/MC、CLKMD3、CLKMD2、CLKMD1。向上拨为"1",向下拨为"0",不同的组合产生的倍频效果如表 1.6 所示。

图 1.4　按键 K1

表 1.6   硬件 PLL 时钟配置方式

CLKMD1	CLKMD2	CLKMD3	RESET VALUE	CLOCK MODE
0	0	0	E007H	PLL*15
0	0	1	9007H	PLL*10
0	1	0	4007H	PLL*5
1	0	0	1007H	PLL*2
1	1	0	F007H	PLL*1
1	1	1	0000H	1/2PLL
1	0	1	F000H	1/4PLL
0	1	1	停止方式	停止方式

2. DSP 仿真机

实验开发系统内置 EPP 仿真机,只需要一根并口线将 PC 机并口和开发系统的 P1 口连接起来,就可以实现 DSP 仿真。

3. 电源模块(如图 1.5 所示)

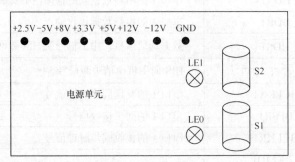

图 1.5   电源模块

本实验开发系统配备 1.8 V、2.5 V、3.3 V、−5 V、+5 V、−12 V、+12 V 电源。S1 控制 +5 V,S1 按下 LE0 点亮,S2 同时控制+12 V,−12 V,S2 按下 LE1 点亮。除信号源模块和语音处理实验以及 A/D、D/A 实验需要+12 V 和−12 V 外,其他实验均不需要+12 V 和−12 V。

4. 信号源模块(如图 1.6 所示)

KD1 按下,+12V、−12V 电源接入信号源电路。TTD1、TTD2、TTD3 分别输出正弦波、方波和三角波。JD1、JD2 选择不同的频段,JD1 短接则输出最高频率可达 1kHz;JD2 短接则输出最高频率可达 10kHz。JD3 短接,TTD2 输出使能。JD4 短接,TTD1 输出使能。

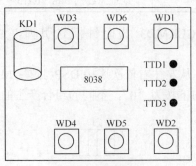

图 1.6   信号源模块

WD2、WD3、WD4 分别调节正弦波的幅度，负向失真，正向失真；WD5、WD6 调节输出波形的占空比，输出频率；WD1 调节方波的输出幅度。

信号源模块引脚输出说明如表 1.7 所示。

表 1.7 　　　　　　　　　　　　　　　信号源模块引出脚说明

TTD1	正弦信号输出
TTD2	方波信号输出
TTD3	三角信号输出

5. LCD 液晶显示模块（如图 1.7 所示）

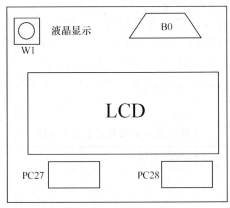

图 1.7　LCD 液晶显示模块

PC28 的 1～8 脚连接液晶显示屏的 8 位数据线，即 LCD 管脚 7～14。PC27 的 1～3 脚分别连接液晶显示屏的管脚 4～6。

W1 为对比度调节开关，如果发现亮度不够，可以调节此电位器。B0 为下载接口，可以通过此接口对 ADUC812 下载程序。

6. A/D&D/A 模块（如图 1.8 所示）

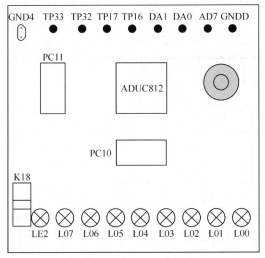

图 1.8　A/D&D/A 模块

A/D 转换和 D/A 转换是由 ADUC812 来完成的。ADUC812 在单个芯片内包含了高性能的自校准多通道 ADC（8 路）、两个 12 位的 DAC 以及可编程的 8 位 MCU（与 8051 兼容）。

片内有 8 KB 的闪速/电擦除程序存储器、64 KB 的闪速/电擦除数据存储器、256 bit 数据 SRAM（支持可编程）以及与 8051 兼容的内核。

另外，MCU 支持的功能包括看门狗定时器、电源监视器以及 ADC DMA 功能。为多处理器接口和 I/O 扩展提供了 32 条可编程的 I/O 口线、与 I²C 总线兼容的串行接口、SPI 接口和标准 UART 接口。

MCU 内核和模拟转换器二者均有正常、空闲以及掉电工作模式，它提供了适合于低功率应用的电源管理方案。该器件包括在工业温度范围内用 3 V 和 5 V 电压工作的两种规格，有 52 脚、塑料四方扁平封装形式（PQTP）可供使用。

PC10 连接 A/D 转换或 D/A 转换低 8 位数据线，PC11 连接 A/D 转换或 D/A 转换高 4 位数据线。TP33、TP32、TP16、DA1、DA0 分别连接 ADUC812 的 19、18、13、10 和 9 脚（如表 1.8 所示）。拨动 K18 对 ADUC812 进行控制，当 LE2 不亮时处于程序下载模式，当 LE2 点亮时处于程序运行状态，当这两种状态之间进行切换时，一定要在切换后按 K21 键对 ADUC812 进行复位。

表 1.8 A/D 与 D/A 转换模块引出脚说明

实验板引脚	ADUC812 引脚	引脚说明
AD7		电位器分压输出端
DA0	DAC0	12-bitDAC 输出 0
DA1	DAC1	12-bitDAC 输出 1
TP16	P1.6/ADC6	复用引脚
TP17	P1.7/ADC7	ADC7 输入端
TP32	P3.2/$\overline{INT0}$	D/A 转换中断使能
TP33	P3.2/$\overline{INT1}$ /MISO	A/D 转换中断使能
GND0	GND	地
PC10		12 位数据低 8 位
PC11		12 位数据低 4 位

7. 单片机模块（如图 1.9 所示）

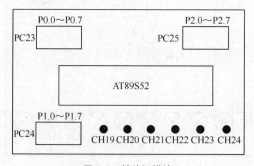

图 1.9 单片机模块

单片机模块引出脚说明如表 1.9 所示。

表 1.9 　　　　　　　　　　　　　　单片机模块引出脚说明

实验板引脚	单片机引脚	引脚说明
CH19	RXD	串口接收引脚
CH20	TXD	串口发送引脚
CH21	$\overline{INT0}$	外部中断 0 请求端
CH22	$\overline{INT1}$	外部中断 1 请求端
CH23	$\overline{WR}$	外部数据存储器写选通
CH24	$\overline{RD}$	外部数据存储器读选通
PC23	P0～P7	P0 端口
PC24	P1～P7	P1 端口
PC25	P2～P7	P2 端口

8. 逻辑输入模块（如图 1.10 所示）

PC12 的 1～8 脚分别连接开关 K10～K17。开关 K10～K17 分别对应一组二进制数据的 0～7 位。当指示灯（L10～L17）点亮时对应的开关指向"1"，即高电平；当指示灯（L10～L17）不亮时，对应的开关指向"0"，即低电平。

9. 逻辑控制模块（如图 1.11 所示）

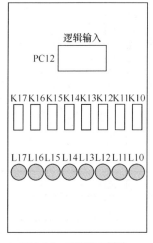

图 1.10　逻辑输入模块

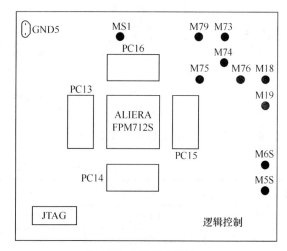

图 1.11　逻辑控制模块

逻辑控制模块引出脚说明如表 1.10 所示。

表 1.10 　　　　　　　　　　　　　　逻辑控制模块引出脚说明

实验板引脚	CPLD 引脚	引脚说明
M18	TXD	串口发送引脚
M58	RXD	串口接收引脚

续表

实验板引脚	CPLD 引脚	引脚说明
PC13		8 位数据缓冲输入
PC14		8 位数据缓冲输入
PC15		8 位数据缓冲输出
PC16		8 位数据缓冲输出

 注意 使用内部仿真机时，FK1～FK9 跳线帽一定不能拔，使用外部仿真机时要将跳线帽拔掉。

10. 语音模块（如图 1.12 所示）

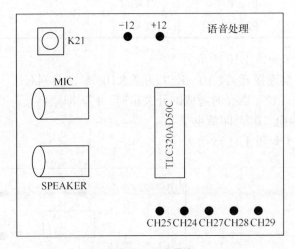

图 1.12　语音模块

语音处理模块引出脚说明如表 1.11 所示。

表 1.11　　　　　　　　　　**语音处理模块引出脚说明**

实验板引脚	芯片引脚	引脚说明
CH25	DOUT	数据输出
CH26	DIN	数据输入
CH27	FC	功能节点
CH28	SCLK	串行移位时钟
CH29	$\overline{FS}$	帧同步引脚
SPEAKER		耳机端
MIC		麦克风输入

11. 外部存储器模块（如图 1.13 所示）

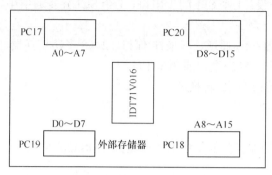

图 1.13 外部存储器模块

外部存储器模块引出脚说明如表 1.12 所示。

表 1.12 外部存储器模块引出脚说明

实验板引脚	芯片引脚	引脚说明
CH1	$\overline{\text{CS}}$	片选控制引脚
CH2	$\overline{\text{WE}}$	写使能引脚
CH3	$\overline{\text{OE}}$	读使能引脚
PC17		地址总线的 bit0～bit7
PC18		地址总线的 bit8～bit15
PC19		数据总线的 bit0～bit7
PC20		数据总线的 bit8～bit15

12. 面包板模块

面包板模块设计提供了更大的二次开发空间。

1.11 LF2407A EVM 板简介

1. TMS320LF2407A EVM 板上资源

（1）EVM 板介绍

① 静态 CMOS、最高主频可达到 40MHz，低功耗，3.3V 电源供电。可以在 D 型实验开发系统上使用也可以单独使用。

② 32K×16 位片上 FLASH（4 个段）、544×16 位片上 DARAM、2K×16 位片上 SARAM。

③ 外部存储器空间接口：64K×16 位程序空间、64K×16 位数据空间，SPI 接口的 8K×8bits 的 EEPROM 存储器。

④ 动态 PLL，主频可由软件编程修改、片上看门狗电路。

⑤ 5 个外部中断源（电机驱动保护、复位、2 个可屏蔽中断）。

⑥ LF2407A 具有加密功能，密钥长度 64 位。

⑦ 4 个 16 位 CPU 定时器。

⑧ 用于电机控制的外设：2 个事件管理器。

⑨ 多种标准串口外设：1 个 SPI 同步串口、1 个 SCI 异步通信串口、1 个增强型 CAN 总线接口。

⑩ 10 位 A/D 转换器：16 通道、双采样/保持、2×8 多路切换器。12 位 2 路 DA 转换器。

⑪ 41 个独立可编程、复用型、通用型 I/O 口。

⑫ 2 路 12 位 SPI 接口 DAC 转换器。

⑬ 所有功能引脚外扩。

（2）电源

采用 TPS7133，将外部提供的+5VDC 转化为 TMS320LF2407A 所需的+3.3VDC。

（3）时钟

板上提供 10MHz 晶振，有软件 SCSR1 寄存器中的 CLKPS0～CLKPS2 位设置为 000，系统时钟为外部时钟的 4 倍频，即系统时钟为 40MHz。设置为 001，系统时钟为外部时钟的 2 倍频，即系统时钟为 20MHz。本实验指导书中所有实验例程配置的系统时钟都为 20MHz。

（4）JTAG 仿真器接口

实验箱带有 DSP 仿真器，只需一根连接线，就可实现在线仿真。

（5）跳线选择

$\overline{MP/MC}$ 方式选择、Bootloader 的工作方式、SPI/SCI 工作方式、VCCP 跳线选择等。

（6）TMS320LF2407A 引脚

2407A 系统板已经将 TMS320LF2407A 上的所有引脚引出至对应的插座，并将每个插座对应的名称给出。

2. LF2407A EVM 板上存储空间分配

（1）程序存储空间

DSP 可以访问的程序存储器空间为 64K 字。程序存储空间的配置有两种，一种是 64K 字存储空间全映射到外部存储器；另一种是内部 FLASH 存储空间使能，其存储空间范围为 DSP 内部 0X0000h～0X7FFFh，而可用的外部存储空间为 0X8000h～0XFFFFh（如图 1.14 所示）。处理器工作方式的选择主要通过对微处理器/微控制器方式选择引脚（$\overline{MP/MC}$）的电平

程序空间 $\overline{MP/MC}$=1，T52（2，3）微处理器模式		程序空间 $\overline{MP/MC}$=0，T52（1，2）微控制器模式	
0000 003F	中断，外部RAM	0000 003F	中断，片内FLASH
0040 7FFF	外部RAM	0040 7FFF	片内FLASH
8000 87FF	PON=1，片内SARAM PON=0，外部RAM	8000 87FF	PON=1，片内SARAM PON=0，外部RAM
8800 FDFF	外部RAM	8800 FDFF	外部RAM
FE00 FEFF	CNF=1，片内DARAM CNF=0，外部RAM	FE00 FEFF	CNF=1，片内DARAM CNF=0，外部RAM
FF00 FFFF	CNF=1，片内DARAM CNF=0，外部RAM	FF00 FFFF	CNF=1，片内DARAM CNF=0，外部RAM

图 1.14 LF2407A EVM 板的程序存储空间资源

高低来处理，一般在硬件上实现，即在 MP/$\overline{\text{MC}}$ 引脚上接一个跳线接口，就可以实现硬件选择该引脚的工作模式，跳线 T52 用来选择工作模式：当 T52 接 2，3 位置时，则 MP/$\overline{\text{MC}}$=1，所有内部 FLASH 存储空间被禁止。如果 T52 接 1，2 位置时，则 MP/$\overline{\text{MC}}$=0，所有内部 FLASH 存储空间被使能。

（2）数据存储空间

LF2407A EVM 板的数据存储空间配置如图 1.15 所示，外部 RAM 可以使能 0X8000h～0XFFFFh 范围。

地址	说明	地址	说明
0000 005F	存储映射寄存器和保留空间	7000 73FF	外设存储映射寄存器（系统，ADC，SCI，SPI，I/0，中断）
0060 007F	片内DARAM B2	7400 743F	外设存储映射寄存器（事件管理器A）
0080 01FF	保留空间	7440 74FF	保留空间
0200 02FF	CNF=0，为B0，片内DARAM CNF=0，为保留空间	7500 753F	事件管理器B
0300 03FF	CNF=0，为B1，片内DARAM CNF=1，为保留空间	7540 77FF	保留空间
0400 07FF	保留	7800 7FFF	非法
0800 0FFF	DON=1，SARAM DON=0，外部存储器	8000 FFFF	外部RAM T52跳线位于2，3
1000 6FFF	非法		

图 1.15 LF2407A EVM 板的数据存储空间资源

3. 引出功能引脚定义

LF2407A EVM 板将扩展资源都提供出来，使用户完全不需要设计 DSP 电路就能很方便地进行扩展。内部资源总线分为 6 个部分，分别引到 LF2407A EVM 板的边缘，插拔方便。这些总线的引脚分别为：P1，P2，P3，P4，P5，P6。其中 P1、P3、P5、P6 引脚的顺序从左至右，从上至下。P2 和 P4 的引脚顺序是从上至下，从左至右。

（1）P1：数据/地址扩展接口（如表 1.13 所示）

表 1.13   P1：数据/地址扩展接口

Pin#	信号	Pin#	信号
1	RS	2	GND
3	D0	4	D1
5	D2	6	D3
7	D4	8	D5
9	D6	10	D7
11	D8	12	D9
13	D10	14	D11
15	D12	16	D13
17	D14	18	D15
19	GND	20	REV

Pin#	信号	Pin#	信号
21	A0	22	GND
23	A1	24	GND
25	A2	26	GND
27	A3	28	GND
29	总线驱动器片选信号	30	GND
31	XINT1	32	3.3V
33	OE	34	REV
35	CS1	36	CS2
37	WE	38	XINT2
39	REV	40	GND

（2）P2：模拟通道输入和通用接口（如表 1.14 所示）

表 1.14　　　　　　　　　P2：模拟通道输入和通用接口

Pin#	信号	Pin#	信号
1	3.3V	2	3.3V
3	ADCIN8	4	ADCIN0
5	ADCIN9	6	ADCIN1
7	ADCIN10	8	ADCIN11
9	ADCIN2	10	ADCIN12
11	ADCIN3	12	ADCIN13
13	ADCIN4	14	ADCIN5
15	ADCIN14	16	ADCIN6
17	ADCIN7	18	ADCIN15
19	AGND	20	AGND

（3）P3：脉宽调制输出和捕获输入（如表 1.15 所示）

表 1.15　　　　　　　　　P3：脉宽调制输出和捕获输入

Pin#	信号	Pin#	信号
1	3.3V	2	3.3V
3	TCLKINTA/IOPB7	4	PWM12/IOPE6
5	PWM6/IOPB3	6	PWM5/IOPB2
7	PWM11/IOPE5	8	PWM4/IOPB1
9	PWM3/IOPB0	10	PWM2/IOPA7
11	PWM10/IOPE4	12	PWM1/IOPA6
13	PWM9/IOPE3	14	REV
15	PWM7/IOPE1	16	PWM8/IOPE2
17	CAP1/QEP1/IOPA3	18	CAP2/QEP2/IOPA4
19	CAP6/IOPF1	20	REV

续表

Pin#	信号	Pin#	信号
21	REV	22	REV
23	CANRX/IOPC7	24	CANTX/IOPC6
25	CLKOUT/IOPE0	26	CAP3/IOPA5
27	CAP5/QEP4/IOPF0	28	CAP4/QEP3/IOPE7
29	GND	30	GND
31	GND	32	GND
33	GND	34	GND

（4）P4：控制信号（如表 1.16 所示）

表 1.16　　　　　　　　　　　P4：控制信号

Pin#	信号	Pin#	信号
1	3.3V	2	3.3V
3	RD	4	R/W
5	WE	6	REV
7	REV	8	PS
9	GND	10	DS
11	GND	12	GND
13	GND	14	GND

（5）P5：DAC 输出、SPI 接口（如表 1.17 所示）

表 1.17　　　　　　　　P5：DAC 输出、SPI 接口和 CAN 接口

Pin#	信号	Pin#	信号
1	SPISIMO/IOPC2	2	SPICLK/IOPC4
3	SPISTE/IOPC5	4	SPISOMI/IOPC3
5	DACOUT2	6	DACOUT1
7	GND	8	GND

（6）P6：比较输出信号，SCI 接口、中断输入信号等（如表 1.18 所示）

表 1.18　　　　　　　P6：比较输出信号，SCI 接口、中断输入信号等

Pin#	信号	Pin#	信号
1	T2PWM/T2CMP/IOPB5	2	REV
3	TDIRA/IOPB6	4	T1PWM/T1CMP/IOPB4
5	PDPINTA	6	T3PWM/T3CMP/IOPF2
7	TDIRB/IOPF4	8	T4PWM/T4CMP/IOPF3
9	TCLKINB/IOPF5	10	PDPINTB
11	XINT1/IOPF5	12	XINT2/ADCSOC
13	SCIRXD/IOPA1	14	SCITXD/IOPA0
15	GND	16	GND

4. 2407 EVM 板上的跳线说明

跳线说明如表 1.19 所示。

表 1.19　　　　　　　　　　　　　2407　EVM 板上的跳线说明

2407EVM 板上的名称	表示的引脚	连接表示逻辑	运用
T11	x25650 的 WP 引脚	引脚 1，2 短接表示接 "1"	不使能写保护
		引脚 2，3 短接表示接 "0"	写保护有效
T12	Qs32257 的开关选择脚	引脚 1，2 短接表示接 "1"	DSP 与 TLv5618 通信
		引脚 2，3 短接表示接 "0"	DSP 与 x25650 通信
T13	x25650 的 CS 引脚	引脚 1，2 短接表示接 "1"	x25650 不被选中
		引脚 2，3 短接表示接 "0"	x25650 有效
T14	x25650 的 SI 引脚	引脚 1，2 短接表示接 "1"	SPI 引导方式
		引脚 1，2 短接表示接 "0"	SCI 引导方式
T15	IOPF6	1，2 短接表示接 Display	控制 LF2407A　EVM 板上的白色二极管
		2，3 表示接 TLv5618 的 CS	TLv5618 有效

5. 仿真器说明

供配置的仿真器有两种：一种是并口仿真器，另一种是 USB 接口仿真器。

（1）并口仿真器

并口仿真器使用时，使用一根一端为针，另一端为孔的标准并口线，分别连接 PC 机和仿真器的 DB25 针接口，用 14 针 JTAG 连接线分别连接仿真器的 DSP-JTAG 接接口与 2407EVM 板的 JP1 插脚。连接时要注意并口仿真器的 14 针 JTAG 接口与 2407 插板的连接方向。2407 EVM 板上的 JP1 插座是 14 脚，它的第 6 脚已经拔去，左起为 1 脚，从左往右，从下至上引脚数依次增加。14 针 JTAG 连接线插座引脚顺序如图 1.16 所示。

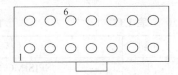

图 1.16　排线插座引脚图

（2）USB 仿真器

USB 仿真器使用时，使用一根 USB 接口线。此 USB 接口线一端为 USB-A 接口，另一端为 USB-B 接口，USB-A 接口连接 PC 机，USB-B 接口连接 USB 仿真器。关于 14 针 JTAG 连接线的接法同上。

本实验指导书推荐的 DSP 软件环境是 CC C2000（4.1 版），所有的例程都是以 "mak" 为项目后缀名称。在发货光盘中也提供 CCS2000（2.0 版），CCS2000（2.0 版）的软件兼容 CC C2000（4.1 版）的例程，只要 CC C2000（4.1 版）的例程放在英文目录下，在 CCS2000（2.0 版）调用时会把 "mak" 为后缀的项目直接名转化为以 "pjt" 为后缀的项目名。

6. 具体操作说明

LF2407A　EVM 板上的 T52，当短路块接 1，2 引脚表示在烧写 Flash 方式，CPU 工作在 MC 方式。接 2，3 引脚表示在烧写 RAM 方式，CPU 工作在 MP 方式。在烧写 Flash 方式时，用短路块接 T51 的 2，3 引脚。在烧写 RAM 方式时，T51 不使用短路块接任何引脚。

本实验指导书前面 10 个基础性实验，还有 3 个应用型实验都使用烧写 RAM 方式，实验

11 使用烧写 Flash 方式。无论是从哪一种方式切换到另外一种方式，都需要注意 T52 和 T51 的连接方式。本实验指导书中所有实验都在 2407EVM 板上完成。

把 LF2407A　EVM 板插到主板上，"众友"标识在右上方，不特别声明都使用烧写 RAM 方式按照表 1.20 连线。

表 1.20　　　　　　　　　　　　　　　　硬件连接

LF2407A 中 JP1	仿真器的 JTAG 接口
LF2407EVM 板上的 P1	使用短路块连接 29，31 引脚
LF2407A　EVM 板上的 T52	使用短路块接 2，3 引脚
LF2407A　EVM 板上的 T51	不使用短路块

如果使用烧写 Flash 方式，CPU 工作在 MC 方式。一定要按照步骤操作，否则容易永久性损坏 2407A 的内部 Flash，导致不能使用内部 Flash 空间。操作步骤如下所示。

拆除以下连线：

LF2407A　EVM 板上的 T52	使用短路块接 2，3 引脚

连接以下连线：

LF2407A　EVM 板上的 T51	使用短路块接 2，3 引脚
LF2407A　EVM 板上的 T52	使用短路块接 1，2 引脚

7. 注意事项

（1）在配置 DSP 软件环境和配置 DSP 的处理器工作环境前、在连接线之前请先关闭电源，在实验运行过程中不要随便断电，否则 DSP 软件环境需要重新打开。

（2）把 2407EVM 板插入实验箱主板时，需要注意 2407EVM 板上 CZ1、CZ2、CZ3 和 CZ4 分别对准主板上的 CZ1、CZ2、CZ3 和 CZ4。

（3）本实验指导书中，只要在烧写 RAM 情况下，2407EVM 板上的 P1.29 和 P1.31 一直使用短路块短接。如果要使用主板上的所有资源，引脚定义参考附录：管脚分配表。其中 DSP 的数据、地址和相关控制信号线使用 40 针排线连接 2407EVM 板上的 P1 和主板上液晶屏上方 J4。

（4）在做实验时请不要用手触摸芯片管脚，以免引起短路将芯片烧毁。

（5）做完实验后，把连接线整理好并盖上箱子，保持实验箱的整洁。

第二章 CCS 软件的使用

2.1 CCS5000 1.2 的安装与配置

1. 软件安装步骤

① 运行光盘中客户软件\CCS5000 1.2\C5000install\setup，进入引导界面。

② 选择 Install 下的 Code Composer Studio 进入安装界面。

③ 按照默认的方式安装，装在 C:\ti 下，然后重新启动计算机。

④ 按"DEL"键进入 CMOS 的设置界面 CMOS SETUP UTILITY，将 Integrated Peripherals 中的 Onboard Paralell Port 改为 378/IRQ，Parrallel Port Mode 改为 EPP，保存退出。

⑤ 进入 Windows 后会出现 CCS C5000 1.20，Setup CCS C5000 1.20 的图标，然后运行光盘中客户软件\CCS5000 1.2\sdgomainbord\setup，进入安装界面。

⑥ 按照默认的方式安装，文件装在 C:\Composer 下。

2. 软件设置步骤

① 打开 Setup CCS C5000 1.20，进入设置界面，如图 2.1 所示。

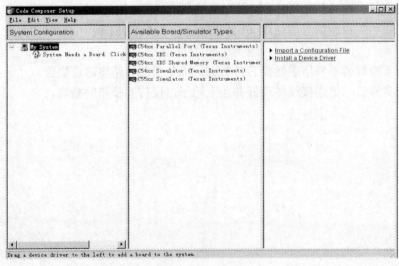

图 2.1 设置界面

② 单击"Install a Device Driver",进入驱动文件选择界面,如图 2.2 所示。选择"C:\composer\sdgo5xx32.dll",然后打开,出现如图 2.3 所示界面,选择"OK"按钮。

图 2.2 驱动文件选择界面

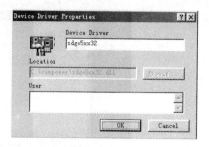

图 2.3 选择"OK"

③ 再将"Available Board/Simulator Type"中的"sdgo5xx32"移入"System Configuration"中,出现如图 2.4 所示界面。

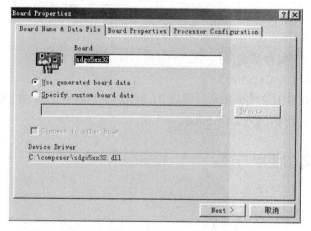

图 2.4 将"sdgo5xx32"移入"System Configuration"

④ 单击"Next"按钮,出现如图 2.5 所示界面,将"I/O Port"中的"0x240"改为"0x378"。

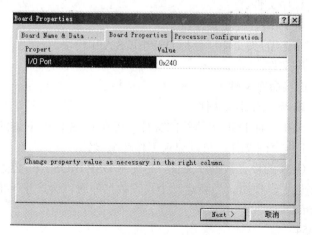

图 2.5 单击"Next"按钮

⑤ 单击"Next"按钮，出现如图 2.6 所示界面，单击"Add Single"按钮，然后单击"Finish"按钮完成。

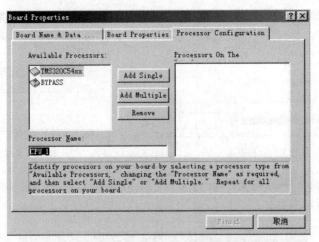

图 2.6 单击"Finish"按钮完成

⑥ 关掉设置窗口，保存所做的改变。

3. 检查是否能够进入 CCS5000

计算机与 ZY13DSP12BC2 实验箱通过并口 P1 相连，然后打开电源 S1、S2，再单击 CCS5000 软件的图标，检查是否能够进入 CCS5000。

2.2 CCS5000 1.2 的使用方法

2.2.1 CCS 文件名介绍

在使用 CCS 前，应该先了解以下软件的文件名约定。

- Project.mak：CCS 定义的工程文件。
- Program.c：C 程序文件。
- Program.asm：汇编语言程序文件。
- Filename.h：C 语言的头文件，包括 DSP/BIOS API 模块。
- Filename.lib：库文件。
- Project.cmd：连接命令文件。
- Program.obj：编译后的目标文件。
- Program.out：可在目标 DSP 上执行的文件，可在 CCS 监控下调试/执行。
- Project.wks：工作空间文件，可以记录工作环境设置。
- Program.cdb：CCS 的设置数据库文件，是使用 DSP/BIOS API 必需的，其他没有使用 DSP/BIOS API 的程序也可以使用。当新建一个设置数据库时，会产生下面的文件：
  ➢ Programcfg.cmd
  ➢ Programcfg.h54
  ➢ Programcfg.s54

2.2.2　编写一个简单的程序

这一部分将介绍如何在 CCS 下面新建一个程序，及如何编译、连接、下载、调试程序。

1. 新建一个工程文件

① 如果 CCS 安装在 c:\ti 目录下，请在 c:\ti\myproject 目录下新建一个目录，名为 test。

② 将光盘 test 文件夹下的所有文件复制到新目录中。

③ 运行 CCS 程序。

④ 选择"Project/New"菜单。

⑤ 在"Save New Project As"窗口中，选择新建的目录，键入"test"作为文件名，然后单击"Save"。CCS 会新建一个名为 test.mak 的工程文件，它将保存工程文件设置和工程引用的相关文件。

2. 往工程中加入文件

① 选择"Project/Add Files to Project"，在文件类型选项中选择*.c 文件，选择 test.c，加入文件。

② 选择"Project/Add Files to Project"，在文件类型选项
CMD 文件（*.cmd），选择 test.cmd。

③ 此时，可以单击工作窗口的工程视窗中 test.mak 旁的
"+"号，展开工程查看其中的文件。结果如图 2.7 所示。

④ 注意此时，一些包含的文件不会出现在 include 目录
下，编译后 CCS 会自动加入，不必手动执行。

图 2.7　展开工程查看其中的文件

3. 浏览代码

和 Windows 的浏览器相似，只要打开"+"号展现下面的文件，然后双击文件的图标，在主窗口就会显示相应文件的源代码。

4. 编译/执行程序

① 选择"Project/Rebuild All"，或工具条中的相应按钮▦。

② 编译成功后，选择"File/Load Program"，选择刚编译的可执行程序 test.out。

③ 选择"Debug/Run"，或工具条中的相应图标⚡。

④ 运行程序。

5. 程序调试的环境应用

（1）跟踪/调试程序

① 选择"Debut/Restart"，重新执行程序。

② 不全速运行，而是选择"Debug/StepInto"或按"F8"键，单步执行。

③ 单步执行程序的同时，选择"View/CPU Registers/CPU Register"，观察主要寄存器的变化。

（2）关于出现问题的处理

如果在 CCS 的编译连接过程出现问题，CCS 都会给出提示，用户可以通过阅读提示，寻找问题出现在什么地方。

如果是语法上的错误，请查阅相关的语法资料；如果是环境参数设置上有问题，一般应在"Project/Options"中进行相应的修改（如果是新用户，最好不要更改缺省设置）；如果是下载过程中出现问题，可以尝试"Debug/Reset DSP"，或是按下硬件上的复位键。

2.2.3 CCS 软件应用和 DSP 编程

1. 概述

本节介绍 DSP 语言软件的开发流程和涉及的软件开发工具。一个 DSP 应用软件的标准开发流程如图 2.8 所示。

由图 2.8 可见，软件开发过程中将涉及 C 编译器、汇编器、链接器等开发工具。不过，这里的 C 编译器不像在 PC 上开发 C 程序一样会输出目标文件（.obj），而是输出满足 C5X 条件的汇编程序（.asm）。而 C5X 中的 C 编程效率是较低的，所以它的 C 编译器才输出汇编程序，让用户可以对该汇编程序进行最大限度的优化，提高程序效率。C 编译器将在本章后面介绍。下面从汇编程序开始介绍软件开发流程的各个环节。

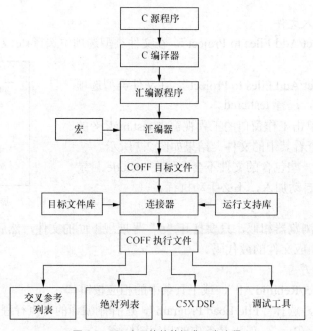

图 2.8 DSP 应用软件的标准开发流程

编制一个汇编程序，需要经历下列步骤。

① 用文本编辑器（Editor）编辑满足 C5X 汇编器（Assembler）格式要求的汇编源程序。

② 调用汇编器汇编该源文件，如果源文件中调用了宏，汇编器还会到宏库中搜索该宏。

③ 汇编之后生成格式为公共目标文件格式（COFF，Common Object File Format）的目标文件（.obj），称为 COFF 目标文件。

④ 调用链接器（Linker）链接目标文件，如果包含可运行支持库和目标文件库，链接器还会到所保护的库中搜索所需要的成员。

⑤ 链接之后生成可执行的 COFF 执行文件（.out）。

⑥ 将 COFF 执行文件下载到 C5XDSP 中执行，同时也可借助调试工具（Debugging Tool）对程序进行跟踪调试或优化，也可利用交叉参考列表器（Cross-reference Lister）和绝对列表器（Absolute Lister）生成一些包含调试信息的表。

下面先介绍汇编源文件（.asm）格式。

2. 汇编源文件（.asm）

C5X 的程序以段（Section）为基本单元构成，一个程序文件由若干段构成，每段又由若干语句（Statement）构成。

C5X 的程序段分为初始化（Initialized）段和未初始化（Uninitialized）段两大类。初始化段可以是程序代码，也可以是程序中用到的常量、数据表等。我们可以从程序下载的角度来理解，初始化就是需要往程序空间写数据（代码或数据）的段，如同初始化程序空间一样。而未初始化段为变量，在下载时，这些变量是没有值的，所以无需向程序空间写，只需留出一段空间以便在运行时存放变量的值。所以这段空间在程序未运行前是没有初始化的。

段的名称和属性可以由用户自定义，如果用户不定义，汇编器将按默认的段来处理。C5X 汇编器默认的段有 3 个：".text"、".data"、".bss"。其中，".text"为程序代码段，".data"为数据段，".bss"为未初始化段。用户自定义用".sect"和".usect"两个汇编指示符来完成。其中，".sect"用于定义初始化段，".usect"用于定义未初始化段，语法如下：

[symbol] .sect "section_name"

[symbol] .usect   "section_name",length

3. 汇编器

本节介绍 C5X 汇编器的使用。在编辑好汇编文件后就可以调用汇编器对文件进行汇编。先来看看 C5X 汇编器的情况。

（1）汇编器概述

汇编器把汇编语言源文件汇编成 COFF 目标文件。C5X 汇编器为：asm500（algebraic assembler），用于汇编采用 C5X 的助记符指令编写的源文件，这个汇编器可完成如下工作。

① 处理汇编语言源文件中的源语句，生成一个可重复定位的目标文件。

② 根据要求，产生源程序列表文件，并提供对源程序列表文件的控制。

③ 将代码分成段，并为每个目标代码段设置一个段程序计数器 SPC（Section Program Counter），并把代码和数据汇编到指定的段中，在存储器中为未初始化段留出空间。

④ 定义（.def）和引用（.ref）全局符号（global symbol），根据要求，将交叉参考列表加到源程序列表中。

⑤ 汇编条件段。

⑥ 支持宏调用，允许在程序中或在库中定义宏。

汇编器接受汇编语言源文件作为输入，汇编语言源文件可以是文本编辑器直接编写的，也可以是由 C 语言经编译后得到的。

（2）汇编器调用方法

可以在命令行用如下命令格式调用汇编器，也可以在集成开发环境下由 CCS 调用：

asm500[input file[object file[listing file]]][-options]

asm500 为调用汇编器。

Input file 为汇编源文件名。如果不写扩展名，汇编器将使用缺省的.asm。

Object file 为汇编器输出的 COFF 目标文件名。如果不写扩展名，汇编器将使用缺省的.obj，如果连目标文件名都不写，汇编器将使用输入的文件名作为目标文件名。

Listing file 为汇编器输出的列表文件名。如果不写列表文件名也不写列表选项"—1"或"—x"，汇编器将不会生成列表文件。如果有列表文件名，将生成列表文件；如果没有列表文件名，而有列表选项，汇编器将使用输入文件名生成扩展名为.list 的列表文件。

Option 为汇编选项。选项不分大小写，可以放在命令行中汇编命令之后的任何地方。只要有连字符"—"就作为选项处理。不带参数的单个字母选项可以组合在一起，如"—lc"等效于"—l—c"。而带有参数的选项，如"—I"，则必须单独指定。

4. COFF 目标文件

TMS320C5X 的汇编器和链接器都会生成公共目标文件格式（COFF，Common Object File Format）的目标文件。在本章中，将汇编器生成的文件称为 COFF 的目标文件，将链接器生成的文件称为 COFF 执行文件。目前，COFF 目标文件格式已被广泛使用，因为它支持模块化（段）编程，能够提供有效灵活的管理代码段和目标系统（Target System）存储空间的方法。

（1）COFF 文件结构

① 一个文件头。

长度为 22 字节，包含 COFF 文件结构的版本号、段头的数量、创建日期、符号表起始地址和入口数量、可选文件头的长度等信息。

② 可选的文件头信息。

由连接器生成，包含执行代码的长度（字节）和起始地址、初始化数据的长度和起始地址、未初始化段的长度、程序入口地址等信息，以便在下载时进行重定位。

③ 各个段的头信息列表。

每个段都有一个头，用于定义各段在 COFF 文件中的起始位置。段头包含段的名称、物理地址、虚拟地址、长度、原始数据长度等信息。

④ 每个初始化段的原始数据。

包含每个初始化段的原始数据，即需要写入程序存储空间的代码和初始化数据。

⑤ 每个初始化段的重定位信息。

汇编器自动生成各初始化段的重定位入口信息，链接时再由链接器读取该入口信息并结合用户对存储空间的分配进行重定位。

⑥ 每个初始化段的行号入口（entry）。

主要用于 C 语言程序的符号调试，因为 C 程序先被编译为汇编程序，这样，汇编器就会在汇编代码前生成一个行号，并将该行号映射到 C 源程序里相应的行上，便于调试程序。

⑦ 一个符合表。

用于存放程序中定义的符号入口，以便调试。

⑧ 一个字符串表。

表中直接使用符号名称，当符号名称超过 8 个字符时，就在符合表中使用指针，该指针指向字符串表中对应的符号名称。

（2）段的顺序

汇编器在将汇编源程序汇编成 COFF 目标文件时，将按".text、.data、用户自定义初始化段、.bss、用户自定义的未初始化段"的顺序将各段放入生成的 COFF 文件中。

因为未初始化段（.bss 和.usect）仅仅是用于在存储空间中保留空间，并没有代码或数据，所以未初始化段只有段头，而没有原始数据、重定位信息和行号等。另外，如果程序中没有使用缺省的段（.text，.data 和.bss），那么它们在 COFF 文件中也没有原始数据、重定位信息和行号等，因为它们的原始数据长度为零。

5. 链接器

汇编器生成 COFF 目标文件后，就可以调用链接器进行链接了。本节介绍 C5X 链接器的使用。

（1）链接器概述

C5X 的链接器能够把 COFF 目标文件链接成可执行文件（.out）。它允许用户自行配置目标系统的存储空间，也就是为程序中的各个段分配存储空间。链接器能根据用户的配置，将各段重定位到指定的区域，包括各段的起始地址、符号的相对偏移等。因为汇编器并不关心用户的定义，而是直接将 ".text" 的起始地址设为 00 0000H，后面接着是.data 和用户自定义段。如果用户不配置存储空间，链接器也将按同样的方式定位各段。

C5X 的链接器能够接受多个 COFF 目标文件（.obj），这些文件可以是直接输入的，也可以是目标文件库（object library）中包含的。在多个目标文件的情况下，链接器将会把各个文件中的相同段组合在一起，生成 COFF 执行文件。

用链接器链接目标文件时，它要完成下列任务：

* 将各段定位到目标系统的存储器中；
* 为符号和各段指定最终的地址；
* 定位输入文件之间未定义的外部引用。

用户可以利用链接器命令语言来编制链接器命令文件（.cmd），自行配置目标系统的存储空间分配，并为各段指定地址。常用的命令指示符有 MEMORY 和 SECTIONS 这两个，利用它们可以完成下列功能：

* 为各段指定存储区域；
* 组合各目标文件中的段；
* 在链接时定义或重新定义全局符号。

（2）链接器调用方法

调用链接器的命令格式为：

lnk500[-option][filename]……filename n

其中，lnk500 为链接器调用命令。

Filename 为输入文件名，可以是目标文件、链接器命令文件或库文件。输入文件的缺省扩展名是.obj。使用其他扩展名时必须显示指定。链接器能够确定输入文件是目标文件还是包含链接器命令的 ASCLL 文件。链接器的缺省输出文件名是 a.out。

Option 为链接器的选项，用于控制链接操作，可以放在命令行或链接器命令文件中的任何地方。链接器的调用方法有下列 4 种。

① 在命令行指定选项和文件名。例如：lnk500-o link.out file 1.obj 2.obj。

② 只输入 lnk500 命令，在链接器给出的提示符下输入相应内容。

Command files：可以输入一个或多个命令文件名。

Object files[.obj]：可以输入一个或多个目标文件，文件名之间用空格或逗号隔开。

Output files[a.out]：链接器输出文件名，缺省为 a.out。

Option：选项可以在命令行中给出，也可以在这里给出。

③ 把目标文件名和选项放入一个链接器命令文件。假定一个命令文件 linker.cmd 包含有以下几行：

-o link.out
file1.obj
file2.obj

在命令行运行链接器：link500 linker.cmd，则链接器链接两个文件 file1.obj 和 file2.obj 产生名为 link.out 的输出文件。

在使用命令文件时，仍然可以在命令行使用选项和文件名，例如：

lnk500-m file1.map file2.cmd file3.obj

④ 在集成开发环境 CCS 下，先写好链接命令文件和相应的选项，然后由 CCS 自行调用。

（3）链接器命令文件

如前所述，链接器命令文件允许用户将链接信息放入一个文件中，以便于在相同情况下的多次调用，同时，还可以灵活应用 MEMORY 和 SECTIONS 命令配置存储空间。链接器命令文件为 ASCLL 文件，包含以下内容：

- 输入文件名，可以是目标文件，库文件或其他命令文件；
- 链接器选项；
- MEMORY 和 SECTIONS 命令，MEMORY 用于指定目标存储器配置，SECTIONS 用于指定段的地址；
- 赋值语句，用于定义全局符号，并赋值。

	在链接器命令文件中，不能将下列保留字用作符合或段的名称：			
align	DSECT	len	o	run
ALIGN	f	length	org	RUN
Attr	fill	length	origin	SECTIONS
ATTR	FILL	load	ORIGIN	spare
Block	group	LOAD	page	type
COPY	I	NOLOAD	range	UNION

6. C 编译器及其他

本节介绍 C 编译器、交叉参考列表器和绝对列表器。

（1）C 编译器

C 编译器包含 3 个功能模块：语法分析、代码优化和代码产生，如图 2.9 所示。其中，语法分析（Parser）完成 C 语法检查和分析；代码优化（Optimizer）对程序进行优化，以提高效率；代码产生（Code Generator）将 C 程序转换成 C5X 的汇编源程序。

图 2.9 C 编译器

C5X 的 C 编译器可以单独使用，也可以连同链接器一起完成编译、汇编和链接的工作。C 编译器的调用格式为：

cl500[-options][filenames][-z[link-options]][object files]

其中，cl500 为调用命令。

Filenames 为输入文件名。

Object 为编译选项。如：-q 屏蔽列表器输出的提示信息。

-z 为调用链接器的指示，当有-z 时就表示在编译之后要调用链接器。

Link-options 为调用链接器时的链接选项。

例如，c1500symtab.c file.c seek.asm 就是将文件 symtab.c 和 file.c 编译生成汇编程序 seek.asm。

（2）交叉参考列表器

交叉参考列表器属于调试工具，能以链接器输出的文件为输入，生成一个交叉参考列表器的调用命令格式为：

xref500[-options][input filename[output filename]]

其中，xref500 为调用命令。

Filename 为输入/输出文件名。

Option 为选项：

-l num 指定输出文件中每页的行数；

-q 屏蔽列表器输出的提示信息。

（3）绝对列表器

绝对列表器属于调试工具，能以链接器输出的文件为输入，生成一个列表文件（.abs）。该列表文件将列出程序代码的绝对地址。绝对列表器的调用命令格式为：

abs500[-options]input file

其中，abs500 为调用命令。

Input file 为输入文件名。

Option 为选项：

-e 改变程序文件的缺省命名规则（缺省规则：汇编文件为.asm，C 文件为.c，头文件为.h）；

-q 屏蔽列表器输出的提示信息。

2.2.4 CCS 应用详解

1. 概述

利用 CCS 集成开发环境，用户可以在一个开发环境下完成工程定义、程序编辑、编译链接、调试和数据分析等工作环节。使用 CCS 开发应用程序的一般步骤如下。

① 打开或建立一个工程文件。工程文件中包括源程序（C 或汇编）、目标文件、库文件、连接命令文件和包含文件。

② 使用 CCS 集成编辑环境，编辑各类文件。如头文件（.h 文件）、命令文件（.cmd 文件）和源程序（.c，.asm 文件）等。

③ 对工程文件进行编译。如果有语法错误，将在构建（Build）窗口中显示出来。用户可以根据显示的信息定位错误位置，更改错误。

④ 排除程序的语法错误后，用户可以对计算结果/输出数据进行分析，评估算法性能。CCS 提供了探针、图形显示、性能测试等工具来分析数据、评估性能。

2. CCS 的窗口、主菜单和工具条

CCS 应用整个窗口由主菜单、工具条、工程窗口、编辑窗口、图形显示窗口、内存单元显示窗口和寄存器显示窗口等构成，如图 2.10 所示。

工程窗口用于组织用户的若干程序构成一个项目，用户可以从工程列表中选中需要编辑和调试的特定程序。在源程序编辑/调试窗口中用户既可以编辑程序，又可以设置断点、探针、调试程序。反汇编窗口可以帮助用户查看机器指令，查找错误。内存和寄存器显示窗口可以查看、编辑内存单元和寄存器。图形显示窗口可以根据用户需要直接或经过处理后显示数据。

用户可以通过主菜单 Windows 条目来管理各窗口。

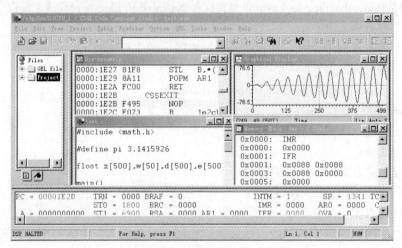

图 2.10　CCS 应用窗口

3. 关联菜单

在任一 CCS 活动窗口中单击鼠标右键都可以弹出与此窗口内容相关的菜单,称其为关联菜单(Context Menu)。利用此菜单用户可以对本窗口内容进行特定的操作。例如,在 Project View Windows 窗口中单击鼠标右键,弹出菜单。选择不同的条目,用户完成添加程序,扫描相关性,关闭当前工程等功能。

4. 主菜单

主菜单中各选项的使用在后续的章节中会结合具体使用详细介绍,在此仅简略对菜单项功能作简要说明。用户如果需要了解更详细的信息,请参阅 CCS 在线帮助"Commands"。

5. 常用工具条

CCS 将主菜单中常用的命令筛选出来,形成 4 类工具条:标准工具条、编辑工具条、工程工具条和调试工具条,依次如图 2.11 所示。用户可以单击工具条上的按钮执行相应的操作。

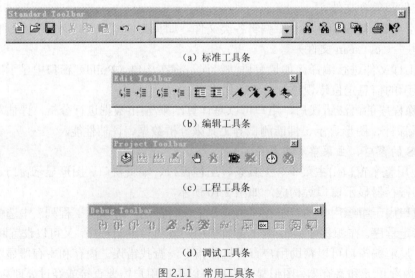

(a) 标准工具条

(b) 编辑工具条

(c) 工程工具条

(d) 调试工具条

图 2.11　常用工具条

2.2.5　建立工程文件

下面按照 CCS 开发应用程序的一般步骤，先介绍工程文件的建立与使用。与 Visual Basic、Visual C 和 Delphi 等集成开发工具类似，CCS 采用工程文件夹集中管理一个工程。一个工程包括源程序、库文件、链接命令文件和头文件等，它们按照目录树的结构组织在工程文件中。工程构建（编译链接）完成后生成可执行文件。

一个典型的工程文件记录下述信息：源程序文件名和目标库；编译器、汇编器和链接器选项；头文件。

1. 创建、打开和关闭工程

命令 Project-New 用于创建一个新的工程文件（后缀为 ".mak"），此后用户就可以编辑源程序、连接命令文件和头文件等，然后加入到工程中。工程编译链接后产生的可执行程序后缀为 ".out"。

命令 Project-Open 用于打开一个已存在的工程文件。例如，用户打开位于 "c:\ti\test" 目录下的 test.mak 工程文件时，工程中包含的各项信息被载入，其工程窗口如图 2.12 所示。命令 Project-Close 用于关闭当前工程文件。

图 2.12　工程窗口

2. 在工程中添加/删除文件

以下任一操作都可以添加文件到工程中：

① 选择命令 Project-Add File to Project…

② 在工程视图中右键单击调出关联菜单，选择 Add File…

图 2.12 所示的 Source 源文件及 Libraries 库文件需要用户指定加入，头文件（Include 文件）通过扫描相关性自动加入到工程中。在工程视图中右键单击某文件，从关联菜单中选择 "Remove from project" 可以从工程中删除此文件。

3. 扫描相关性

如前所述，头文件加入到工程中通过"扫描相关性"完成。另外，在使用增量编译时，CCS 同样要知道哪些文件互相关联。这些都通过"相关性列表"来实现。

CCS 的工程中保存了一个相关性列表，它指明每个源程序和哪些包含文件相关。在构建工程时，CCS 使用命令 Project+Show Dependencies 或 Project-Scan All Dependencies 创建相关树。源文件中以"#include"、".include"和".copy"指示的文件被自动加入至 CCS 工程文件中。

4. 编辑源程序

CCS 集成编辑环境可以编辑任何文本文件，对 C 程序和汇编程序，还可以彩色高亮显示关键字、注释和字符串。CCS 的内嵌编辑器支持下述功能。

① 语法高亮显示。关键字、注释、字符串和汇编指令用不同的颜色显示相互区别。

② 查找或替换。可以在一个文件和一组文件中查找替换字符串。

③ 针对内容的帮助。在源程序内，可以调用针对高亮显示字的帮助。这在获得汇编指令和 GEL 内建函数帮助特别有用。

④ 多窗口显示。可以打开多个窗口或对同一文件打开多个窗口。

⑤ 可以利用标准工具条和编辑工具条帮子用户快速使用编辑功能。

⑥ 作为 C 语言编辑器，可以判别圆括号或大括号是否匹配，排除语法错误。

⑦ 所有编辑命令都有快捷键对应。

5．工具条和快捷键

命令 View-Standard Toolbar 和 View-Edit Toolbar 分别调出标准工具条和编辑工具条。CCS 内嵌编辑器所用快捷键可查阅在线帮助的 "Help-Ceneral Help—Using Code Composer Studio+ The Integrated Editor+ Using Keyboard Shortcuts or Default Keyboard Shortcuts"。用户可以根据自己的喜好定义快捷键。除编辑命令外，CCS 所有的菜单命令都可以定义快捷键。选择 Option-Keyboard 命令打开自定义快捷方式对话框，选中需要定义快捷键的命令。如果此命令已经有快捷键，则在 Assigned 框架中有显示，否则为空白，用户可以单击 "Add" 按钮，敲下组合键（一般为 Ctrl+某键），则相应按键描述显示在 "Press new shortcut" 框中。

6．查找或替换文字

除具有与一般编辑器相同的查找、替换功能外，CCS 还提供了一种 "在多个文件中查找" 的功能。这对在多个文件中追踪、修改变量、函数特别有用。

命令 Edit-Find in Files 或单击标准工具条的 "多个文件中查找" 按钮，弹出如图 2.13 所示的对话框。分别在 "Find what"、"In files of" 和 "In folder" 中键入需要查找的字符串、搜寻目标文件类型以及文件所在目录，然后单击 "Find" 按钮即可。

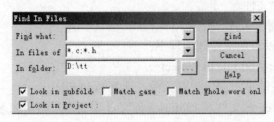

图 2.13 "多个文件中查找" 界面

查找的结果显示在输出窗口中，按照文件名、字符串所在行号、匹配文字行依次显示。

7．使用书签

书签的作用在于帮助用户标记着重点。CCS 允许用户在任意类型文件的任意一行设置书签，书签随 CCS 工作空间（Workspace）保存，在下次载入文件时被重新调入。

（1）设置书签

将光标移到需要设置书签的文字行，在编辑视窗中单击右键，弹出关联菜单，从 "Book marks" 子菜单中选中 "Set a Book mark"。或者单击编辑工具条的 "设置或取消标签" 按钮。光标所在行被高亮标识，表示标签设置成功。

设置多个书签后，用户可以单击编辑工具条的 "上一书签"、"下一书签" 快速定位书签。

（2）显示和编辑书签列表

以下两种方法都可以显示和编辑书签列表。

① 在工程窗口中选择 Bookmark 标签，得到书签列表图。用户可以双击某书签，则在编辑窗口，光标跳转至此书签所在行。右键单击之，用户可以从弹出窗口中编辑或删除此书签。

② 选择命令 "Edit-Bookmarks" 或单击编辑工具条上的 "编辑标签属性" 按钮，如图 2.14 所示。双击某书签，则在编辑窗内光标跳转至此书签所在行，同时关闭此对话框。用户也可以单击某书签并且编辑或删除之。

8. 构建工程

工程所需文件编辑完成后，可以对该工程进行编译连接，产生可执行文件，为调试做准备。

CCS 提供可 4 条命令构建工程。

① 编译文件：命令 Project-Compile 或单击工程工具条"编译当前文件"按钮💾，仅编译当前文件，不进行链接。

② 增量构建：单击工程工具条"增量构建"按钮则只编译那些自上次构建后修改过的文件。增量构建（incremental build）只对修改过的源程序进行编译，先前编译过、没有修改的程序不再编译。

③ 重新构建：命令 Project+Rebuild 或单击工程工具条"重新构建"按钮🖫重新编译链接当前工程。

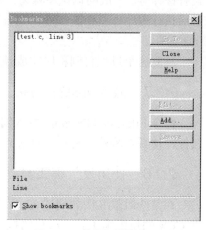

图 2.14　"编辑标签属性"界面

④ 停止构建：命令 Project-Stop Build 或单击工程工具条"停止构建"按钮🖫停止当前的构建进程。CCS 集成开发环境本身并未包含编译器和链接器，而是通过调用本章所述的软件开发工具（C 编译器、汇编器和链接器）来编译链接用户程序。编译器等所用参数可以通过工程选项设置。选择命令 Project-Options 或从工程窗口的关联菜单中选择 Options，弹出对话框，如图 2.15 所示。在此对话框中用户可以参阅有关编译器、汇编器和连接器方面的内容，或者查阅联机帮助"Using Code Composer Studio+The Project Environment+Setting Build Options"。

用户也可以对特定的文件设置编译链接选项。操作方法为在工程视窗中右键单击需要设置的程序，选择 File Specific Options 然后在对话框中设置相应选项。

图 2.15　Build Options 对话框

2.2.6　调试

CCS 提供了异常丰富的调试手段。在程序执行控制上，CCS 提供了 4 种单步执行方式。从数据流角度上，用户可以对内存单元和寄存器进行查看和编辑，载入/输出外部数据，设置探针等。一般的调试步骤为：调入构建号的可执行程序，先在感兴趣的程序段设置断点，然后执行程序停留在断点处，查看寄存器的值或内存单元的值，对中间数据进行在线（或输出）分析。

反复这个过程直到程序完成预期的功能。

2.2.7　载入可执行程序

命令 File-Load Program 载入编译链接好的可执行程序。用户也可以修改"Program Load"属性，使得在构建工程后自动装入可执行程序。设置方法为选择命令 Options-Program Load。

2.2.8　使用反汇编工具

在某些时候（例如调试 C 语言关键代码），用户可能需要深入到汇编指令一级。此时可以 CCS 的反汇编工具。用户的执行程序（不论是 C 程序或是汇编程序）载入到目标板或仿真器时，CCS 调试器自动打开一个反汇编窗口。

对每一条可反汇编的语句，反汇编窗口显示对应的反汇编指令（某些 C 语句一条可能对应几条反汇编指令），语句所处地址和操作码（即二进制机器指令），当前程序指针 PC（Program Point）所在语句用彩色高亮表示。当源程序为 C 代码时，用户可以选择使用混合 C 源程序（C 源代码和反汇编指令显示在通用窗口）或汇编代码（只有反汇编指令）模式显示。

除在反汇编窗口中可以显示反汇编代码外，CCS 还允许用户在调试窗口中混合显示 C 和汇编语句。用户可以选择命令 View-Mixed Source/Asm，则在其前面出现一对选中标志。选择 Debug-Go Main，调试器开始执行程序并停留在 main()处 C 源程序显示在编辑窗中，与 C 语句对应的汇编代码以暗色显示在 C 语句下面。

2.2.9　程序执行控制

在调试程序时，用户会经常用到复位、执行、单步执行等命令，统称其为程序执行控制。下面依次介绍 CCS 的目标板（包括仿真器）复位、执行和单步操作。

1. CCS 提供了 3 种方法复位目标板

① Reset DSP：Debug-Reset DSP 命令初始化所有的寄存器内容并暂停运行中的程序。如果目标板不响应命令，并且用户正在使用一基于核的设备驱动，则 DSP 核可能被破坏，用户需要重新装入核代码。对仿真器，CCS 复位所有寄存器到其上电状态。

② Restart：Debug-Restart 命令将 PC 恢复到当前载入程序的入口地址。此命令不执行当前程序。

③ GoMain：Debug-GoMain 命令在主程序入口处设置一临时断点，然后开始执行。当程序被暂停或遇到一断点时，临时断点被删除。此命令提供了一快速方法来运行用户应用程序。

2. CCS 提供了 4 种执行操作

① 执行程序。命令为 Debug-Run 或单击调试工具条上的"执行程序"按钮。程序运行直到遇到断点为止。

② 暂停执行。命令为 Debug-Halt 或单击调试工具条上的"暂停执行"按钮。程序运行直到遇到断点为止。

③ 动画执行。命令为 Debug-Animate 或单击调试工具条上的"动画执行"按钮。用户可以反复运行执行程序，直到遇到断点为止。

④ 自由运行。命令为 Debug-Run Free。此命令禁止所有断点，包括探针断点和 Profile 断点，然后运行程序。在自由运行中对目标处理的任何访问都将恢复断点。若用户在基于 JTAG 设备驱动上使用模拟时，此命令将断开与目标处理器的连接，用户可以拆卸 JTAG 或 MPSD 电缆。在自由运行状态下用户也可以对目标处理器进行硬件复位。注意在仿真器中 Run Free 无效。

3. CCS 提供的单步执行操作

CCS 提供的单步执行操作有 4 种类型，它们在调试工具条上分别有对应的快捷按钮。罗列如下。

① 单步进入（快捷键"F8"）。命令为 Debug-Step Into 或单击调试工具条上的"单步进入"按钮。当调试语句不是最基本的汇编指令时，此操作将进入语句内部（如子程序或软件中断）调试。

② 单步执行：命令为 Debug-Step Over 或单击调试工具条上的"单步执行"按钮。此命令将函数或子程序当作一条语句执行，不进行其内部调试。

③ 单步跳出（快捷键 Shift+"）命令为 Debug-Step Out 或单击调试工具条上的"单步跳出"按钮。此命令将从子程序中跳出。

④ 执行到当前光标处（快捷键 Ctrl+F10），命令为 Debug-Run to Cursor 或单击调试工具条上的"执行到当前光标处"按钮。此命令使程序运行到光标所在的语句处。

2.2.10 断点设置

断点的作用在于暂停程序的运行，以便观察/修改中间变量或寄存器数值。CCS 提供了两断点：软件断点和硬件断点。这可以在断点属性中设置。设置断点应当避免以下两种情形。

① 将断点设置在属于分支或调用的语句上。

② 将断点设置在块重复操作的倒数第一或倒数第二条语句上。

1. 软件断点

只有当断点被设置而且被允许时，断点才能发挥作用。下面依次介绍断点的设置、删除和使能。

（1）断点设置

- 有两种方法可以增加一条断点。

使用断点对话框选择命令 Debug-Breakpoints，将弹出断点对话框，如图 2.16 所示。

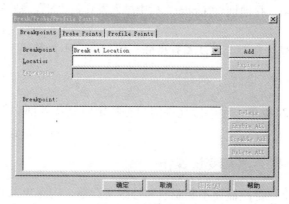

图 2.16 断点对话框

在"Breakpoint Type"栏中可以选择"无条件断点（Break at Location）"或"有条件断点（Break at Location if expression is TURE）"。在"Location"栏中填写需要中断的指令地址，用户可以观察反汇编窗口，确定指定所处地址。对 C 代码，由于一条 C 语句可能对应若干条汇编指令，难以用唯一地确定位置，为此用户可以采用"file Name line line number"的形式定位源程序中的一条 C 语句。例如，"hello.C line 32"指明在 hello.C 程序从第 32 行处语句设置断点。断点类型和位置设置完成后，依次单击"Add"和"OK"按钮即可。断点设置成功后，该语句条用彩色光条显示，如果用户选择的是带条件断点，则"Expression"栏有效，用户可以按照 GEL 语法输入合适的表达式。当此表达式运算结果为真（ture=1）时，则程序在此断点位置暂停。否则继续执行下去。

- 采用工程工具条。

将光标移到需要设置断点的语句上，单击工程工具条上的"设置断点"按钮，则在该语句位置设置一断点，默认情况下为"无条件断点"。用户也可以使用断点对话框修改断点属性，如将"无条件断点"改变为"有条件断点"。

（2）断点的删除

在断点对话框中，单击"Breakpoint"列表中的一个断点，然后单击"Delete"按钮即可删除此断点。单击"Delete all"按钮或工程工具条上的"取消所有断点"按钮，将删除所有断点。

（3）允许和禁止断点

在断点对话框中，单击"Enable All"或"Disable All"将允许或禁止所有断点。"允许"状态下，断点位置前的复选框有"对勾"符号。注意只有当设置一断点，并使其"允许"时，断点才发挥作用。

2. 硬件断点

硬件断点与软件断点的区别在于，它并不修改目标程序。因此，它适用于在 ROM 存储器中设置断点或在内存读写产生中断两种应用。注意在仿真器中不能设置硬件断点。

添加硬件断点的命令为：Debug-Break point。对两种不同的应用目的，其设置方法如下。

① 对指令拦截（ROM 程序中设置断点），在断点类型（Breakpoint Type）栏中选择"H/W breakpoint。在"Location"栏中填入置断点语句的地址，其方法与前面所述软件断点地址设置一样。"Count"栏中填入发计数，即此指令执行多少此后断点才发生作用。依次单击"Add"和"OK"按钮即可。

② 对内存读写的中断，在断点类型（Breakpoint Type）栏中选择<bus>或<Read/Write/R/W>。"Location"栏中填入存地址。"Count"栏中填入发计数"N"。则当读写此内存单元"N"次后，硬件断点发生作用。

硬件断点的允许/禁止和删除方法与软件断点的相同，不再赘述。

2.2.11 探针断点

CCS 的探针断点可提供一种手段允许用户在特定时刻从外部文件中读入数据或写出数据到外部文件中。

2.2.12 内存、寄存器和变量操作

在调试过程中，用户可能需要不断观察和修改寄存器、内存单元和数据变量。下面将依次介绍如何修改内存块，如何查看和编辑内存单元、寄存器和数据变量。

1．内存块操作

CCS 提供的内存块操作包括复制数据块和填充数据块，这在数据块初始化时较为有用。

（1）复制数据块

功能：复制某段内存到一个新位置。

命令：Edit-Memory-Copy，在对话框中填入源数据块首地址、长度和内存空间类型以及目标数据块首地址和内存空间类型即可。

（2）填充数据块

功能：用特定数据填充某段内存。

命令：Edit-Memory-Fill，在对话框中填入内存首地址、长度、填充数据和和内存空间类型即可。

2．查看、编辑内存

CCS 允许显示特定区域的内存单元数据。方法为选择 View-Memory 或单击调试工具条上的"显示内存数据"按钮。在弹出对话框中输入内存变量名（或对应地址）、显示方式即可显示指定地址的内存单元。为改变内存窗口显示属性（如数据显示格式，是否对照显示等），可以在内存显示窗口中单击右键，从关联菜单中选择"Properties"即弹出选项对话框，如图 2.17 所示。

图 2.17　选项对话框

内存窗口选项包括以下内容。

① Address：输入需要显示内存区域的起始地址。

② Q-Value：显示整数时使用的 Q 值（定点位置）。新的整数值＝整数/2Q。

③ Format：从下拉菜单中选取数据显示格式。

④ Use IEEE Float：是否使用 IEEE 浮点格式。

⑤ Page：选择显示的内存空间类型－程序、数据或 I/O。

⑥ Enable Reference Buffer：选择此检查框将保存一特定区域的内存块照以便用于比较。例如，用户允许"Enable Reference Buffer"，并定义可寻地址范围为 0x0000～0x002F。此区段的数据将保存到主机内存中。每次用户执行暂停目标板、命中一断点、刷新内存等操作时，编译器都将比较参考缓冲区（Reference Buffer）与当前内存段的内容。数值发生变换的内存单元将用红色突出显示。

⑦ Start：用户希望保存到参考缓冲区的内存段的起始地址。只有当用户选择了"Enable Reference Buffe"检查框时此区域才被激活。

⑧ End：用户希望保存到参考缓冲区的内存段的终止地址。只有当用户选择了"Enable Reference Buffe"检查框时此区域才被激活。

⑨ Update Reference Buffer Automatically：若选择此检查框，则参考缓冲区的内容将自动被内存段（由定义参考缓冲区的起始/终止地址所规定的内存区域）的当前内容覆盖。

在"Format"栏下拉条中，用户可以选择多种显示格式显示内存单元。

编辑某一内存单元的方法为：在内存窗口中鼠标左键双击需要修改的内存单元，或者选择命令 Edit-Memory-Edit，在对话框中指定需要修改的内存单元地址和内存空间类型，并输入新的数据值即可。注意输入数据前面加前缀"0x"为十六进制，否则为十进制。凡是前面所讲到的需要输入数值（修改地址、数据）的场合，均可输入 C 表达式。C 表达式由函数名、已定义的变量符号、运算式等构成。下面的例子都是合法的 C 表达式。

例：C 表达式举例

My Function 0x000+2×35×（mydata+10）

(int)My Function +0x100

PC+0x10

3．CPU 寄存器

（1）显示寄存器

选择命令 View-CPU Registers-CPU Register 或单击调试工具条上的"显示寄存器"🔲按钮。CCS 将在 CCS 窗口下方弹出一寄存器查看窗口。

（2）编辑寄存器

有 3 种方法可以修改寄存器的值。

- 命令 Edit\ Edit Register。
- 在寄存器窗口双击需要修改的寄存器。
- 在寄存器窗口单击右键，从弹出的菜单中选择需要修改的寄存器。

3 种方法都将弹出一编辑对话框，在对话框中指定寄存器（如果在"Register"栏中不是所期望的寄存器）和新的数值即可。

4．编辑变量

命令 Edit－Edit Variable 可以直接编辑用户定义的数据变量，在对话框中填入变量名（Variable）和新的数值（Value）即可。用户输入变量名后，CCS 会自动在 Value 栏显示原值。注意变量名前应加"*"前缀，否则显示的是变量地址。在变量名输入栏，用户可以输入 C 表达式，也可以采用偏移地址@内存页方式来指定某内存单元。例如：*0x1000@prog，0x2000@io 和 0x1000@data 等。

5．通过观察窗口查看变量

在程序运行中，用户可能需要不间断地观察某个变量的变换情况 CCS 提供了观察窗口（Watch Windows）用于在调试过程中实时地查看和修改变量值。

（1）加入观察变量

选择命令 View-Watch Window 或单击调试工具条上的"打开观察窗口"🔲按钮，则观察窗口出现在 CCS 的下部位置。CCS 最多提供 4 个观察窗口，在每一个观察窗口用户都可以定义若干个观察变量。有 3 种方法可以定义观察变量。

- 将光标移到观察窗口中按"Insert"键，弹出表达式加入对话框，在对话框中填入变量符号即可。
- 将光标移到观察窗口中单击右键，从弹出菜单中选择"Insert New Expression"，在表达式加入对话框中填入变量符号即可。
- 在源文件窗口或反汇编窗口双击变量，则该变量反白显示，右键单击连接"Add to Watch Window"则该变量直接进入当前观察窗口列表。

表达式中的变量符号当作地址还是变量处理取决于目标文件是否包含有符号调试信息。若在编译链接时有-g 选项（此意味着包含符号调试信息），则变量符号当作真实变量值处理，否则作为地址。对应后一种情况，当显示该内存单元的值，应当在其前面加上前缀星号"*"。

（2）删除某观察变量

有两种方法可以从观察窗口中删去某变量。

● 双击观察窗口中某变量，选中后该变量以色彩亮条显示。按"Delete"键，则从列表中删除此变量。

● 选中某变量，右键单击，然后选择"Remove Current Expression"。

（3）观察数组或结构变量

某些变量可能包含多个单元，如数组、结构或指针等，这些变量加入到观察窗口中时，会有"＋"或"－"的前缀。"＋"表示此变量被折叠，组成单元内容不显示，"－"表示此变量的组成单元已展开显示。用户可以通过选中变量，然后按回车键来切换这两种状态。

（4）变量显示格式

用户可以在变量名后面跟上格式后缀以显示不同的数据格式。例如：My Var, x 或 My Var, d 等。用户也可以用"快速观察"按钮来观察某变量。有以下两种操作方法。

● 在调试窗口中双击选中需要观察的变量，使其反白。单击调试工具条上的"快速观察"按钮。

● 选中需要观察的变量后，右键单击从关联菜单中选择"Quick Watch"菜单。

操作完成后，在弹出对话框中单击"Add Watch"按钮，即可将变量加入到观察窗口变量列表中。

2.2.13 数据输入与结果分析

在开发应用程序时，常常需要使用外部数据。例如，用户为了验证某个算法的正确性，需要输入原始数据，DSP 程序处理完后，需要对输出结果进行分析。CCS 提供了两种方法来调用和输出数据。

① 利用数据读入/写出功能，即调用命令"File-Data(Load/Save)"。这种方式适用于偶尔的、手工的读入和写出数据场合。

② 利用探针（Probe 功能），即设置探针，通过将探针与外部文件关联起来读入和写出数据。这种方式适用于自动调入和输出数据场合。

2.2.14 载入/保存数据

"载入/保存数据"功能允许用户在程序执行的任何时刻从外部文件中读入数据或保存数据到文件中。需要注意的是，载入数据的变量应当是预先被定义并且有效的。

1. 载入外部数据

程序执行到适当时候，需要向某变量定义的缓冲区载入数据时，选择命令 File-Data-Load 命令，弹出文件载入对话框，选择预先准备号的数据文件。此后，弹出一装载对话框。"Address"栏和"Length"栏已被文件头信息自动填入。用户也可以在对话栏中重新指定变量名（或缓冲区首地址）和数据块长度。

2. 保存数据到文件中

程序执行到适当时候需要保存某缓冲区时，选择命令 File-Data-Store 弹出一对话框要求给出输出文件名。完成后，弹出一"Store Memory into File"对话框。输入需要保存变量名（和数据块首地址）和长度，单击"OK"按钮即可。

2.2.15 外部文件输入/输出

CCS 提供了一种"探针（probe）"断点来自动读入外部文件。所谓探针是指 CCS 在源程序某条语句上设置的一种断点。每个探针断点都有相应的属性（由用户设置）用来与一个文件的读/写相关联。用户程序运行到探针断点所在语句时，自动读入数据或将计算结果输出到某文件中（依此断点属性而定），由于文件的读写实际上调用的是操作系统功能，因此不能保证这种数据交换的实时性。有关实时数据交换功能请参考帮助。

使用 CCS 文件输入/输出功能遵循以下步骤。

① 设置探针断点。将光标移到需要设置探针的语句上，单击工程工具条上的"设置探针"按钮。光标所在语句被彩色光条高亮显示。取消设置的探针，亦单击按钮。此操作仅定义程序执行到何时读入或写出数据。

② 选择命令"File-File I/O"，显示对话框如图 2.18 所示。在此对话框中选择文件输入或文件输出功能（对应"File Input"和"File-Output"标签）。

假定用户需要读入一些数据，则在"File Input"标签窗口中单击"Add File"按钮，在对话框指定输入的数据文件。

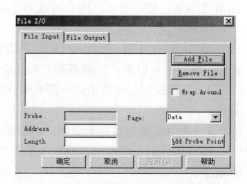

图 2.18 "File I/O"对话框

此时该数据文件并未和探针关联起来，"Probe"栏中显示的是"Not Connected"。

③ 将探针与输入文件（或者输出文件）关联起来。单击对话框中的"Add Probe Points"按钮，弹出"Break/Probe/Profile Points"对话框，如图 2.19 所示。在"Probe Points"列表中，单击选中需要关联的探针。在本例中只定义了一个探针，故列表中只有一行。从"Connect"一栏中选择刚才加入的数据文件，单击"Replace"按钮。注意，在"Probe Point"列表中显示探针所在的行已与文件对应起来。出现"Break/Probe/Profile Point"对话框。

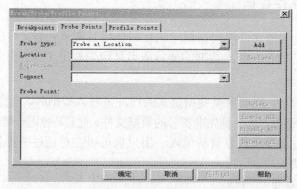

图 2.19 "Break/Probe/Profile Point"对话框

④ "Break/Probe/Profile Point"对话框设置完成后，回到"File I/O"对话框。"c:\My Documents\mydata.dat"出现在"File-Output"栏。在此对话框中，指定数据读入存放的起始

地址（对文件输出为输出数据块的起始地址）和长度。起始地址可以用事先已定义的缓冲区符号代替。数据的长度以 WORD 为单位。对话框中的"Wrap Around"选项是指当读指针到达文件末尾时，是否回到文件头位置重新读入。这在用输入数据产生周期信号场合较为有用。

⑤ "File I/O"对话框完成后，单击"OK"按钮，CCS 自动检查用户的输入是否正确。将探针与文件关联后，CCS 给出"File I/O"控制窗口。程序执行到探针断点位置调入数据时，其进度会显示在控制窗口内。控制窗口同时给出了若干按钮来控制文件的输入/输出进程。各按钮的作用分别如下所述。

运行按钮：在暂停后恢复数据传输。

停止按钮：中止所有的数据传输进程。

回退按钮：对文件输入，下一采入数据来自文件头位置；对数据输出，新的数据写往文件首部。

快进按钮：仿真探针被执行（程序执行探针所在语句）情形。

2.2.16　数据文件格式

1. CCS 允许的数据文件格式

① COFF 格式。二进制的公共目标文件格式，能够高效地存储大批量数据。

② CCS 数据文件。此为字符格式文件，文件由文件头和数据两部分构成。文件头指明文件类型、数据类型、起始地址和长度等信息。其后为数据，每个数据占一行。数据类型可以为十六进制、整数、长整数和浮点数。

2. CCS 数据文件文件头格式

文件类型	数据类型	起始地址	数据页号	数据长度

解释如下。

文件类型：固定为 16510。

数据类型：取值 1~4，对应类型为十六进制、整数、长整数和浮点数。

起始地址：十六进制，数据存放的内存缓冲区首地址。

数据页号：十六进制，指明数据取自哪个数据页。

数据长度：十六进制，指明数据块长度，以 WORD 为单位。

例：某 CCS 数据文件的头几行内容。

651201200：起始地址 0，数据类型为整数，数据长度为 200。

366

-1479

......

2.2.17　利用图形窗口分析数据

运算结构也可以通过 CCS 提供的图形功能经过一定处理显示出来，CCS 提供的图形显示包括时频分析、星座图、眼图和图像显示。用户准备好需要显示的数据后选择命令 View-Graph，设置相应的参数，即可按所选图形类型显示数据。

各种图形显示所采用的工作原理基本相同，即采用双缓冲区（采集缓冲区和显示缓冲区）分别存储和显示图形。采集缓冲区存在于实际或仿真目标板，包含用户需要显示的数据区。

显示缓冲区存在于主机内存中，内容为采集缓冲区的复制。用户定义好显示参数后，CCS 从采集缓冲区中读取规定长度的数据进行显示。显示缓冲区尺寸可以和采集缓冲区的不同。如果用户允许左移数据显示（Left-Shifted Data Display），则采样数据从显示区的右端向左端循环显示。"左移数据显示"特性对显示串行数据特别有用。

CCS 提供的图形显示类型共有 9 种，每种显示所需的设置参数各不相同。限于篇幅，这里仅举例时频图单曲线显示设置方法。其他图形的设置参数说明请查阅在线帮助"Help-ceneral Help-How to Display Results Graphically?"。

选择命令"View-Graph-Time/Frequency"弹出"Time/Frequency"对话框，在"Display Type"中选择"Signal Time"（单曲线显示），则弹出图形显示参数设置的对话框如图 2.20 所示。

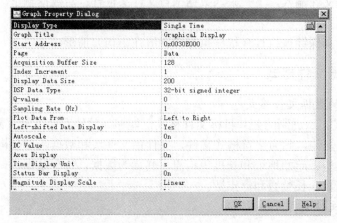

图 2.20　图形显示参数设置对话框

需要设置的参数解释如下。

① 显示类型（Display Type）：单击"Display Type"栏区域，则出现显示类型下拉菜单条。单击所需的显示类型，则"Time/Frequency"对话框（参数设置）相应随之变换。

② 视图标题（Graph Title）：定义图形视图标题。

③ 起始地址（Start Address）：定义采样缓冲区的起始地址。当图形被更新时，采样缓冲区内容亦更新显示缓冲区内容。对话框栏允许输入符号和 C 表达式。当显示类型为"Dual Time"时，需要输入两个采样缓冲区首地址。

④ 数据页（Data Page）：指明选择的采用缓冲区来自程序、数据还是 I/O 空间。

⑤ 采样缓冲区（Acquisition Buffer Size）：用户可以根据所需定义采样缓冲区的尺寸。例如，当一次显示一帧数据时，则缓冲区尺寸为帧的大小。若用户希望观察串行数据，则定义缓冲区尺寸为 1，同时允许左移数据显示。

⑥ 索引递增（Index Increment）：定义在显示缓冲区中每隔几个数据取一个采样点。

⑦ 显示数据尺寸（Display Data Size）：此参数用来定义显示缓冲区大小。一般地，显示缓冲区的尺寸取决于"显示类型"选项。对时域图形，显示缓冲区尺寸等于要显示的采样点数目，并且大于等于采用缓冲区尺寸。若显示缓冲区尺寸大于采样缓冲区尺寸，则采样数据可以左移到显示缓冲区显示。对频域图形，显示缓冲区尺寸等于 FF 帧尺寸，取整为 2 的次幂。

⑧ DSP 数据类型（DSP Data Type）：可以为 32 比特有符号整数；32 比特无符号整数；

32 比特浮点数；32 比特 IEEE 浮点数；16 比特有符号整数；16 比特无符号整数；8 比特有符号整数；8 比特无符号整数。

⑨ Q 值（Q-value）：采样缓冲区中的数据始终为十六进制数，但是它表示的实际数取值范围由 Q 值确定。Q 值为定点数定标值，指明小数点所在的位置。Q 值取值范围为 0～15，假定 Q 值为 xx，则小数点所在的位置为从最低有效位向左数的第 xx 位。

⑩ 采样频率（Sampling Rate(HZ)）：对时域图形，此参数指明在每个采样时刻定义对同一数据的采样数。假定采样频率为 xx，则一个采样数据对应 xx 个显示缓冲区单元。由于显示缓冲区尺寸固定，因此时间轴取值范围为 0～（显示缓冲区尺寸/采样频率）。对频域图形，此参数定义频率分析的样点数。频率的取值范围为 0～采样率/2。

⑪ 数据绘出顺序（Plot Data From）：此参数定义从采样缓冲区取数的顺序。

从左至右：采样缓冲区的第一个数被认为是最新或最近到来数据。

从右至左：采样缓冲区的第一个数被认为是最旧数据。

⑫ 左移数据显示（Left-shifted Data Display）：此选项确定采样缓冲区与显示缓冲区的哪一边对齐。用户可以选择此特性允许或禁止。若允许，则采样数据从右端填入显示缓冲区。每更新一次图形，则显示缓存数据左移，留出空间填入的采样数据。注意显示缓冲区初始化为 0。若此特性被禁止，则采样数据简单地覆盖显示缓存。

⑬ 自动定标（Autoscale）：此选项允许 Y 轴最大值自动调整。若此选项设置为允许，则视图被显示缓冲区数据最大值归一化显示。若此选项设置为禁止，则对话框中出现一新的设置项"Maximum Y-Value"，设置 Y 轴显示最大值。

⑭ 直流量（DC Value）：此参数设置 Y 轴中点的值，即零点对应的数值。对 FFT 幅值显示，此区域不显示。

⑮ 坐标显示（Axes Display）：此选项设置 X、Y 坐标轴是否显示。

⑯ 时间显示单位（Time Display Unit）：定义时间轴单位。可以为秒（s），毫秒（ms），微秒（μs）或采样点。

⑰ 状态条显示（Status Bar Display）：此选项设置图形窗口的状态条是否显示。

⑱ 幅度显示比例（Magnitude Display Scale）：有两类幅度显示类型－线性或对数显示（公式为 20log（X））。

⑲ 数据标绘风格（Data Plot Style）：此选项设置数据如何显示在图形窗口中。Line：数据点之间用直线相连。Bar：每个数据点用竖直线显示。

⑳ 栅格类型（Grid Style）：此选项设置水平或垂直方向底线显示，有 3 个选项。No Grid：无栅格。Zero Line：仅显示 0 轴。Full Grid：显示水平和垂直栅格。

㉑ 光标模式（Cursor Mode）：此选项设置光标显示类型，有 3 个选项。No Cursor：无光标。Data Cursor：在视图状态栏显示数据和光标坐标。Zoom Cursor：允许放大显示图形。方法：按住鼠标左键拖动，则定义的矩形框被放大。

2.2.18 评估代码性能

用户完成一个算法设计和编程后，一般需要测试程序效率以便进一步优化代码。CCS 提供了"代码性能评估"工具来帮助用户评估代码性能。其基本方法为：在适当的语句位置设置断点（软件断点或性能断点），当此程序执行通过断点时，有关代码执行的信息被收集并统计。用户通过统计信息评估代码性能。

2.2.19　测量时钟

测量时钟用来统计一段指令的执行时间。指令周期的测量随用户使用的设备驱动不同而变化。假若设备驱动采用 JTAG 扫描通道，则指令周期采用片内分析（on-chip analysis）计数。

使用测量时钟的步骤如下。

① 首先允许时钟计数。选择命令 Profile-Enable Clock。有一选中符号出现在菜单项"Enable Clock"前面。

② 选择命令 Profile-View Clock，则时钟窗口出现在 CCS 主窗口下部位置。

③ 假定需要测试 A 和 B 两条指令（B 在 A 之后）之间程序段的执行时间。为此，在 B 之后至少隔 4 个指令位置设置断点 C，然后在位置 A 设置断点 A，注意先不要在位置 B 设置断点。

④ 运行程序到断点 A，双击时钟窗口，使其归零，然后清除 A 断点。

⑤ 继续运行程序到 C 断点，然后记录 Clock 的值，其为 A、C 之间程序运行时间 r1。

⑥ 用上述方法测量 B、C 断点之间的运行时间 r2，则（r1-r2）即为断点 A、B 之间的执行时间。用这种方法可以排除由于设置断点引入的时间测量误差。

注意上述方法中设置的是软件断点。

选择命令 Profile-Clock Setup 可以设置时钟属性，弹出"Clock Setup"对话框，如图 2.21 所示。

对话框中的各输入栏解释如下。

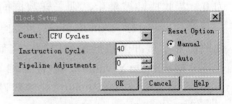

图 2.21　"Clock Setup"对话框

① Count：计数的单位。对 simulator，只有 CPU 执行周期（CPU Cycles）选项。

② Instruction Cycle：执行一条指令所花费时间，单位为纳秒。此设置将周期数转化为绝对时间。

③ Pipeline Adjustments：流水线调整花费周期数。当遇到断点或暂停 CPU 执行时，CPU 必须重新刷新流水线，耗费一定周期数。为了获得较好精度的时钟周期计数，需要设置此参数。值得注意的是，CPU 的停止方式不同，其调整流水线的周期数亦不同。此参数设置只能提高一定程度的精度。

④ Reset Option：用户可以选择手工（Manual）或自动（Auto）选项。此参数设置指令周期计数值是否自动复位（清零）。若选择"自动"则 CLK 在运行目标板之前自动清零，否则其值不断累加。

2.2.20　性能测试点

性能测试点（Profile Points）是专门用来在特定位置获取性能信息的断点。在每个性能测试点一下，CCS 记录本测试点命中次数以及距上次测试点之间的指令周期数等信息。与软件断点不同的是，CPU 在通过性能测试点时并不暂停。

1. 设置——性能测试点

将光标置在某特定（需要测试位置）源代码行或反汇编代码行上，单击工程工具条上的"设置性能断点"图标。完成后此代码行以彩色光条显示。

2. 删除某性能测试点

选择命令"Profile-Profile Point"，则弹出性能测试点对话框。从"Profile Point"列表中选择需要删除的测试点，单击"Delete"按钮即可。若注意单击对话框中的"Delete All"按钮或工程工具条上的"取消性能断点"图标将删除所有测试点。

　　3. 允许和禁止测试点

　　测试点设置后,用户可以赋予它"允许"或"禁止"属性。只有当测试点被"允许"后,CCS才在此点统计相关的性能信息。若测试点不被删除,则它随工程文件保存,在下次调入时依然有效。操作方法为:在上述对话框中单击测试点前面的复选框,有"√"符号表示允许,否则表示禁止。单击"Enable All"或"Disable All"按钮将允许或禁止所有测试点。

2.2.21　查看和定义内存映射

　　内存映射规定用户代码和数据在内存空间的分配。一般地,用户在链接命令文件(.cmd)中定义内存映射表。除此之外,CCS还提供了在线手段来定义内存映射。用户允许"内存映射"时,CCS调试器检查每一条内存读写命令,看它是否与定义的内存映射属性相矛盾。若用户试图访问未定义内存或受保护区域,则CCS仅显示其默认值,而不访问内存。

　　选择命令"Option-Memory Map",弹出对话框,如图2.22所示。用户可以利用对话框查看和定义内存映射。在默认情况下,"Enable Memory Mapping"复选框是未选中的,目标板上所有RAM都是有效可访问的。为利用内存映射机制,确保"Enable Memory Mapping"复选框选中(单击复选框,前面出现√符号)。选择需要定义的内存空间(代码、数据或I/O)。在"Starting"和"Length"栏中输入需要映射的内存块起始地址和长度,选择读/写属性。单击"Add"按钮,则新的内存映射定义被输入。用户也可以选中一个已定义好的内存映射并删除之。

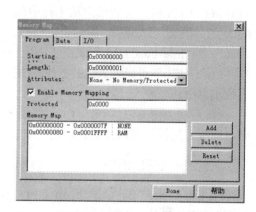

图2.22　"Memory Map"对话框

　　用户新定义的内存区域可以和以前定义的相重叠,重叠部分的属性按新定义的来算。注意,"Reset"按钮将禁止所有内存单元的读写。

2.2.22　利用GEL定义内存映射

　　用户可以利用GEL文件来定义内存映射。在启动CCS时,将GEL文件名作为一个参数引用,则CCS自动调入GEL文件,允许内存映射机制。

　　下列GEL函数可用来定义内存映射。下面给出了一个利用GEL函数定义内存映射的例子。在本例中,程序空间和数据空间[0:0xF000]内存段被定义为可读可写。

　　例:利用GEL函数来定义内存映射。

```
StartUp()
{
    GEL-Map On();
    GEL-Map Reset();
    GEL-Map Add(0, 0, 0Xf000, 1, 1);
    GEL-Map Add(0, 1, 0Xf000, 1, 1);
}
```

2.2.23　通用扩展语言 GEL

GEL（General Extension Language）通用扩展语言是一种与 C 类似的解释性语言。利用 GEL 语言，用户可以访问实际/仿真目标板，设置 GEL 菜单选项，特别适用于自动测试和自定义工作空间。

2.2.24　GEL 函数调用

CCS 提供了 3 种方法调用 GEL 函数：在命令行中，在 GEL 菜单中和自动调用 GEL 函数。

① 在命令行中调用 GEL 函数，选择命令"Edit-Edit command"，弹出命令行对话框，输入调用 GEL 函数的命令后，用户可以在 GEL 工具条中选定命令行（命令"View-GEL Tool"使能 GEL 工具条），并执行之。

② 在 GEL 菜单中调用 GEL 函数其方法为：先载入包含 GEL 函数的.gel 文件。GEL 函数驻留在 CCS 内，直到用户从工程中删除 GEL 文件。GEL 加载器在载入 GEL 文件时检查 GEL 函数语法，并显示可能的错误信息。只有改正所有错误后，CCS 才能使用 GEL 函数。选择命令"File-Load GEL"或在工程窗口中右键单击"GEL Files"文件夹。从关联菜单中选择"Load GEL"可以载入.gel 文件。GEL 文件调入后，GEL 函数自动出现在主菜单的 GEL 下拉菜单中。

③ 自动调用 GEL 函数，CCS 提供了一个名为 StartUp 的 GEL 函数，可以在 CCS 启动时自动载入运行。利用此函数，用户可以建立起所需的工作环境。

2.2.25　GEL 语法

GEL 是 C 编程语言的子集。在 GEL 程序中，用户不能声明参数变量，所有变量都是由 DSP 程序定义并存在的。实际上，仿真目标板中 GEL 函数就是利用这些已有变量完成相应的功能。

GEL 函数定义形式为：

FuncName([parameter1[,parameter2···[,parameter6]···]])

{statements}

其中参数说明如下。

FuncName：GEL 函数名称。

Parameters：GEL 函数参数。

Statements：GEL 函数语句。

例：GEL 函数参数使用

Initialize(a, filename, b)

{ targ Var=0;

　a=0;

　GEL_Load(Filename);

　Return b*b;}

Initialize GEL 函数执行后，"target Symbol"变量被赋值为 0，"myfile.out"被调入 CCS 中，参数"b"赋予常数 116.220，在执行 GEL 函数之前，必须保证参数列表中的 DSP 符号信息已经被载入到 CCS 中。例如，在例中执行 Initialize 函数前，包含"target Symbol"符号信息的 COFF 文件应已经被载入到 CCS 中。

第二部分

C5000/2000 DSP
实验项目

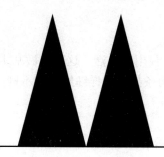

第三章 硬件开发实验

实验一 常用指令实验

一、实验目的

（1）了解 DSP 开发系统的组成和结构。
（2）熟悉 DSP 开发系统的连接。
（3）熟悉 DSP 的开发界面。
（4）熟悉 C54X 系列的寻址系统。
（5）熟悉常用 C54X 系列指令的用法。

二、实验设备

计算机、DSP 实验箱。

三、实验原理

DSP 的指令比较复杂，但是使用很灵活，这里只做基本介绍，用户通过使用集成设计环境 CCS 的在线帮助，可以得到每条指令的详细解释和示例。

1. 指令形式

助记符指令的基本形式为：

标号、操作符、操作数 1、操作数 2、操作数 3。

标号是可选项，操作数可以没有或有多个，其内容可以是立即数、寄存器、程序地址、数据地址、I/O 口地址等。

DSP 在进行数据运算时，一般都是通过寄存器进行的，首先把数据装入寄存器，加减运算时用累加器 A 和 B；乘法运算时用累加器和乘数暂存器 T 等，算出的结果再由寄存器传到存储器中。

2. 指令分类

指令按寻址方式可以分为以下 7 种形式。

① 立即寻址，即利用立即数进行寻址。在利用该寻址方式时立即数包括在指令代码当中，CPU 不必再去寻找数据。在立即寻址中立即数有两种形式：短立即数和长立即数。

② 绝对寻址，是利用一个 16 位数标识地址，CPU 可根据该数直接在数据、程序、I/O 空间寻址，而不必改动或初始化辅助寄存器 ARX 和页面寄存器 DP 的值。

③ 累加器寻址，是指利用累加器 A 放置所寻找的地址。利用累加器寻址可直接寻址 24 位地址，即可寻址到扩展地址寄存器，应注意该寻址方式所寻地址处在程序空间中。

④ 直接寻址，是用 7bit 的偏移地址作为基地址，同数据页指针 DP 或堆栈指针 SP 形成一个 16bit 的数据存储区地址。对应一个数据页指针 DP 或堆栈指针 SP 可在长度是 128 字长的数据块中寻址。

⑤ 间接寻址，是利用 16 位的辅助寄存器在 64 K 的数据空间寻址，间接寻址适用于内存中的固定步长寻址。

⑥ 存储器映射寻址，可不通过 DP 和 SP 就修改内存映射寄存器的值。这在写寄存器时的耗时是最小的，内存映射寄存器寻址即可用在直接寻址又可用在间接寻址。

⑦ 堆栈寻址，系统堆栈可在中断或程序分支时自动存储程序计数器，它也能用来存储一些其他内容到数据空间。堆栈的存储顺序是由高端内存地址到低端内存地址，而堆栈指针 SP 则用来记录堆栈最后放入数据的地址。

四、实验内容

通过对 DSP 的通用 I/O 引脚 XF 的置位和复位操作来控制 LED 的亮和灭，此实验通常用来检验 DSP 的工作是否正常。

五、实验步骤

① 将计算机与 ZY13DSP12BC2 实验箱通过并口 P1 相连，打开交流开关，依次按下开关 S1、S2。运行 CCS 软件。

② 按照第二章的实验说明将 CCS1.2 的 SETUP CCS5000 1.20 程序配置好。

③ 打开 CCS，并运行 GEL－C54x－C5402_Init 将 DSP 的内部存储器复位，把程序指针指向 FF80，如果一次复位没有成功就重复运行该 5402gel 程序，直到程序指针复位到 FF80，紧接着 FF80 后面****指令代码必须为 0000。

④ 新建一个项目：单击 Project－New，将项目命名为 test1，并将项目保存在自己定义的文件夹下，注意文件夹一定要用英文名，不要将文件夹取名为中文名，因为 CCS 软件不能识别以中文命名的文件夹。

⑤ 新建一个源文件：单击 File－New－Source File 可以打开一个文本编辑窗口，单击保存按键，保存在和项目相同的一个文件夹下面。保存类型选择*.ASM（如果源文件是 C 语言编写的，保存类型选择*.C，实验一中的例程是使用汇编语言编写的，所以选择*.ASM 为保存类型），在这里将保存名字命名为 testXF1.asm。

⑥ 在项目中添加源文件：在新建立了一个源文件以后，要想使用 CCS 编译器对该源文件进行编译还需要将源文件添加到项目中去。添加方法是在工程管理器中右键单击 test1.mak，在弹出的菜单中选择"Add Files"，然后将刚才建立的 testXF1.asm 文件添加到该项目中去。

⑦ 编写源程序。

在工程管理器中双击 testXF1.asm 将出现文本编辑窗口，在该文本编辑窗口中输入以下文件：（注：在 CCS1.2 版本中的文本编辑器不支持中文注释，本例程为说明方便，使用 uedit 编辑器，在程序中加上了中文注释，学生在自己编写程序的时候可以用英文写上简要的注释。）

```
*************************************************************
*最简单的程序：testXF1.asm。
*循环对 XF 位置 1 和清 0，用示波器可以在 DSP 的 XF 脚检测到电平高低周期性变化。
*常用于检测 DSP 是否工作。
*************************************************************
            .mmregs              ; 预定义的寄存器
            .def     CodeStart    ; 定义程序入口标记

            .text                 ; 程序区
CodeStart:                        ; 程序入口
            SSBX XF               ; XF 置 1
            RPT #999              ; 重复执行 1000 次空指令产生延时
            NOP
            RSBX XF               ; XF 清 0
            RPT #999              ; 重复执行 1000 次空指令产生延时
            NOP
            B CodeStart           ; 跳转到程序开头循环执行
            .end
```

【提示】

（1）源代码的书写有一定的格式，初学者往往容易忽视。每一行代码分为 3 个区：标号区、指令区和注释区。标号区必须顶格写，主要是定义变量、常量、程序标致时的名称。指令区在标号区之后，以空格或 TAB 格开。如果没有标号，也必须在指令前面加上空格或 TAB，不能顶格。注释区在标号区、程序区之后，以分号开始。注释区前面可以没有标号区或程序区。另外，还有专门的注释行，以*打头，必须顶格开始。

（2）一般区分大小写，除非加编译参数忽略大小写。

（3）标点符号有时不注意会打成中文全角版本号导致错误。

⑧ 编写链接配置文件。

只有汇编源程序是不够的，一个完整的 DSP 程序至少包含 3 个部分：主程序、中断向量表、链接配置文件（*.cmd）。简单起见，对本次实验影响不大的中断向量表暂不讨论。这里先介绍一下链接配置文件。

链接配置文件有很多功能，这里先介绍最常用的也是必须的两条：① 存储器的分配；② 标明程序入口。

由于每个程序都需要一个链接配置文件，每个程序的链接配置文件根据实际情况的需要都略有不同，下面就实验一的程序编写一个链接配置文件，其他实验的链接配置文件都可以参考光盘中相应的例程来完成。

```
/* 5402.cmd */
-e CodeStart          /*程序入口*/
-m testXF1.map        /*产生存储器映射文件，文件名可以根据不同项目而定 */
-o testXF1.out        /*产生可执行下载文件，文件名可以根据不同项目而定*/
testXF1.OBJ           /*在 1.2 版本中后缀要大写"*.OBJ"*/
```

-stack 0x100　　　　/*设置系统堆栈，大小以千字为单位，并且定义指定堆栈大小的全局符号。默认的 size 值为 1 千字*/

/*

在使用 C/C++语言编写 DSP 源程序的时候还要选用以下选项：

-c　　　　　　　/*使用 C/C++编译器的 ROM 自动化模型所定义的链接约定*/

-h　　　　　　　/*使所有的全局符号成为静态变量*/

-l rts.lib　　　　/*使 C 语言支撑库（CCStudio 系统库）作为链接器的输入文件*/

*/

MEMORY

{

　　PAGE 0:　PROG:　origin =　1a00h，length = 2600h　　　/*定义程序存储区，起始地址
　　　　　　　　　　　　　　　　　　　　　　　　　　　　　　1a00H，长度 2600H*/

　　PAGE 1:　DATA:　origin =　0200h，length = 1800h　　　/*定义数据存储区，起始地址
　　　　　　　　　　　　　　　　　　　　　　　　　　　　　　0200H，长度 1800H*/

}

SECTIONS

{

　　.text　　> PROG PAGE 0　　　　/*将.text 段映射到 page0 的 PROG 区*/

　　.cinit　> PROG PAGE 0　　　　/*将.cinist 段映射到 page0 的 PROG 区*/

　　.switch > PROG PAGE 0　　　　/*将.switch 段映射到 page0 的 PROG 区*/

　　vect　　> 3f80h PAGE 0　　　　/*将中断向量表重新定位到 page0 的 0x3f80 处*/

　　.data　> DATA PAGE 1　　　　/*将.data 段映射到 page1 的 DATA 区*/

　　.bss　　> DATA PAGE 1　　　　/*将.bss 段映射到 page1 的 DATA 区*/

　　.const　> DATA PAGE 1　　　　/*将.const 段映射到 page1 的 DATA 区*/

　　.sysmem > DATA PAGE 1　　　　/*将.sysmem 段映射到 page1 的 DATA 区*/

　　.stack　> DATA PAGE 1　　　　/*将.stack 段映射到 page1 的 DATA 区*/

}

　　更多参考（客户光盘内）如下。

　　a．关于代码书写格式：SPRU102: TMS320C54x Assembly Language Tools User's Guide，3.5 Source Statement Format

　　b．关于链接配置文件：SPRU102: TMS320C54x Assembly Language Tools User's Guide，7.5 Linker Command Files，7.7 The MEMORY Directive，7.8 The SECTIONS Directive

　　⑨ 对项目进行编译和链接。

　　单击"Project－Compile File"，在项目编译成功之后单击"Project－Build"选项对该项目进行链接，生成*.OUT 文件。

　　　　在链接汇编语言编写的源文件的时候必需在 CCS 的软件中进行相应的设置，单击"Project－Options"在弹出的菜单中进入图 3.1 所示的选项，具体设置步骤如下。

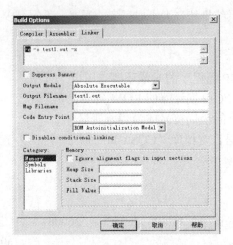

图 3.1 "Build Options" 对话框

将 Linker 菜单下面的-c 选项去掉即可对汇编语言文件进行链接。在对 C/C++语言编写的源文件进行编写的时候应该加上该选项。

⑩ 装载可执行文件。

要让程序代码在 DSP 内部运行必需将生成的*.OUT 文件装载到 DSP 内部,装载方法是单击"File-Load Programe",再选择生成的*.out 文件就可以将程序装载到 DSP 的内部存储器中。

⑪ 运行程序。

单击"Debug-Run"可以让程序在 DSP 内部运行,并且可以看到 DSP 目标板上的 XF 引脚指示灯开始闪烁。

⑫ 在没有示波器的情况下,就要将程序稍作改进,增加延时,将 XF 脚电平变化频率降到肉眼可分辨的程度,就可以用 LED 来显示电平的变化。

六、思考题

将程序改写如下,按以上的步骤进行操作,测试程序是否正确。

程序 TestXF2.asm

```
**********************************************************
*对以上程序稍作改进,用延时子程序设置较长的延时。
*可以通过 5402 目标板上的发光二极管 L02 看到 XF 引脚电平的变化。
**********************************************************

        .mmregs          ; 预定义的寄存器
        .def    CodeStart ; 定义程序入口标记

        .text            ; 程序区
CodeStart:               ; 程序入口
        SSBX    XF       ; XF 置 1
        CALL    Delay    ; 调用延时程序
        RSBX    XF       ; XF 清零
```

```
           CALL    Delay              ; 调用延时程序
           B       CodeStart          ; 跳转到程序开头循环执行
```

```
*************************************************************
*延时子程序：Delay。
*用两级减一计数器来延时。调整 AR1 和 AR2 的大小 LED 闪烁的频率不同。
*************************************************************
Delay:
           STM     #999，AR1          ; 循环次数 1000
LOOP1:     STM     #4999，AR2         ; 循环次数 5000
LOOP2:     BANZ    LOOP2，*AR2-       ; 如果 AR2 不等于 0，AR2 减 1，再判断
           BANZ    LOOP1，*AR1-       ; 如果 AR1 不等于 0，AR1 减 1，跳转到 LOOP1
           RET
           .end
```

```
*************************************************************
*注意这种延时方法并不精确，需要精确定时必须用定时器。
*按此法延时的近似公式为：4*(AR2+1)*(AR1+1)*时钟周期。
*当 DSP 工作在 50 MHz(时钟周期 20 ns),AR1=999，AR2=4999 时。
*延时约为 400 ms，则 LED 闪烁的周期为 800 ms，频率 1.25 Hz。
*************************************************************
```

注：光盘的 test1 文件夹下面包括此文件，可以将工程管理器中的 TestXF1.asm 文件删除，添加 TetsXF2.asm 文件；再将 test1.cmd 文件改为

```
/* 5402.cmd */
-e CodeStart              /*程序入口*/
-m testXF2.map            /*产生存储器映射文件，文件名可以根据不同项目而定 */
-o testXF2.out            /*产生可执行下载文件，文件名可以根据不同项目而定*/
testXF2.OBJ               /*在 1.2 版本中后缀要大写"*.OBJ"*/
-stack 0x100              /*设置系统堆栈，大小以千字为单位，并且定义指定堆栈大小的全局
符号。默认的 size 值为 1 千字*/
MEMORY
{
   PAGE 0:  PROG:  origin =  1a00h，length = 2600h   /*定义程序存储区，起始地址
                                                       1a00H，长度 2600H*/

   PAGE 1:  DATA:  origin =  0200h，length = 1800h   /*定义数据存储区，起始地址
                                                       0200H，长度 1800H*/
}
SECTIONS
{
```

.text > PROG PAGE 0	/*将.text 段映射到 page0 的 PROG 区*/
.cinit > PROG PAGE 0	/*将.cinist 段映射到 page0 的 PROG 区*/
.switch > PROG PAGE 0	/*将.switch 段映射到 page0 的 PROG 区*/
vect > 3f80h PAGE 0	/*将中断向量表重新定位到 page0 的 0x3f80 处*/
.data > DATA PAGE 1	/*将.data 段映射到 page1 的 DATA 区*/
.bss > DATA PAGE 1	/*将.bss 段映射到 page1 的 DATA 区*/
.const > DATA PAGE 1	/*将.const 段映射到 page1 的 DATA 区*/
.sysmem > DATA PAGE 1	/*将.sysmem 段映射到 page1 的 DATA 区*/
.stack > DATA PAGE 1	/*将.stack 段映射到 page1 的 DATA 区*/

}

实验二　定时器实验 I

一、实验目的

① 掌握 DSP 中断技术，学会对 DSP 中断的处理方法。
② 掌握中断对于程序流程的控制，理解 DSP 对于中断的响应时序。
③ 掌握汇编语言编写中断的基本方法。

二、实验设备

计算机、DSP 实验箱。

三、实验原理

DSP 一般情况下均支持软件中断和硬件中断。软件中断由指令引起，如 INTR、TRAP、RESET；硬件中断由外部中断信号和内部中断信号引起，外部硬件中断如 INT0-INT2，内部硬件中断包括定时器、串口、主机接口等引起的中断。软件中断不分优先级，硬件中断有优先级。

中断寄存器有中断标志寄存器 IFR 和中断屏蔽寄存器 IMR。

1. 中断标志寄存器

中断标志寄存器（Interrupt Flag Register，IFR）是一个存储器映像寄存器，当某个中断触发时，寄存器的相应位置 1，直到中断处理完毕为止。IFR 各位的意义如表 3.1 所示。

表 3.1　　　　　　　　　　　　　　　IFR 各位的意义

位	7	6	5	4	3	2	1	0
功能	TINT1	DMAC0	BXINT0	BRINT0	TINT0	INT2	INT1	INT0
位	15-14	13	12	11	10	9	8	
功能	RESVD	DMAC5	DMAC4	BXINT1 或 DMAC3	BRINT1 或 DMAC2	HPINT	INT3	

不同型号 DSP 的 IFR 的 5～0 位对应的中断源完全相同，是外部中断和通信中断标志位。其他 15～6 位中断源根据芯片的不同，定义的中断源不同。当对芯片进行复位、中断处理完毕，写 1 于 IFR 的某位，执行 INTR 指令等硬件或软件中断操作时，IFR 的相应位置 1，表示中断发生。通过读 IFR 可以了解是否有已经被挂起的中断，通过写 IFR 可以清除被挂起的中断。在以下 3 种情况下将清除被挂起的中断。

（1）复位（包括软件和硬件复位）。

（2）置位 1 写入相应的 IFR 标志位。

（3）使用相应的中断号响应该中断，即使用 INTR #K 指令。若有挂起的中断，在 IFR 中该标志位为 1，通过写 IFR 的当前内容，就可以清除所有正被挂起的中断。为了避免来自串口的重复中断，应在相应的中断服务程序中清除 IFR 位。

2. 中断屏蔽寄存器

中断屏蔽寄存器（Interrupt Mask Register，IMR），是用于屏蔽外部和内部的硬件中断。通过读 IMR 可以检查中断是否被屏蔽，通过写可以屏蔽中断（或解除中断屏蔽），在 IMR 位置 0，则屏蔽该中断。IMR 不包含/RS 和 NMI，复位时 IMR 均设为 0。TMS320C5402 中断屏蔽寄存器 IMR 各位的意义如表 3.2 所示。

表 3.2   IMR 各位的意义

位	7	6	5	4	3	2	1	0
功能	TINT1	DMAC0	BXINT0	BRINT0	TINT0	INT2	INT1	INT0
位	15-14	13	12	11	10	9	8	
功能	RESVD	DMAC5	DMAC4	BXINT1 或 DMAC3	BRINT1 或 DMAC2	HPINT	INT3	

硬件中断信号产生后能否引起 DSP 执行相应的中断服务程序还取决于以下 4 点（复位和 NMI 除外，它们不可屏蔽）。

① 状态寄存器 ST1 的 INTM 位为 0，即中断方式位，允许可屏蔽中断；INTM 为 1，禁止可屏蔽中断。若中断响应后 INTM 自动置 1，则其他中断将不被响应。在 ISR（中断服务程序）中以 RETE 指令返回时，INTM 位自动清 0，INTM 位可用软件置位，如指令 SSBX INTM（置 1）和 RSBX INTM（清 0）。

② 当前没有响应更高优先级的中断。

③ 中断屏蔽寄存器 IMR 中对应此中断的位为 1。在 IMR 中相应位为 1，表明允许该中断。

④ 在中断标志寄存器（IFR）中对应位置为 1。

TMS320C54x 中，中断向量地址由 PMST 寄存器中的 9 位中断向量地址指针 IPTR 和左移 2 位后的中断向量序号（中断向量序号位 0～31，左移 2 位后变成 7 位）所组成。

例如：已知中断向量序号 INT0=0001 0000B=10H，中断向量地址指针 IPTR=0001H，求中断向量地址。

因为中断向量序号左移 2 位后变成 100 0000B=40H，所以中断向量地址为 0000 0000 1100 0000B=00C0H。

复位时，IPTR 位置全 1（IPTR=1FFH），并按此值将复位中断向量映射到程序存储器的 511 页空间。所以硬件复位后，程序地址总是 PC=1111 1111 1000 0000B=0FF80H，即总是从

0FF80H 开始执行程序。而且，硬件复位地址是固定不变的，其他中断向量可以通过改变内容重新安排中断程序的地址。例如，中断向量地址指针 IPTR=0001H，中断向量就被移到 0080H 开始的程序存储空间。

当 DSP 响应中断时，将依次完成以下步骤。

① 发出 IACK 信号，并清除 IFR 中相应的中断标志位。

② 将 PC 值（返回地址）压入堆栈。

③ 取中断向量。

④ 跳转到相应的中断服务程序。

⑤ 保存应保护的寄存器和变量，压入堆栈。

⑥ 执行中断处理程序。

⑦ 恢复保护的内容，从堆栈弹出。

⑧ 中断返回，从堆栈中弹出返回地址。

⑨ 继续执行原先的程序。

本实验是利用 DSP 内部的定时器产生中断来完成中断实验，这里先简要介绍一下 DSP 内部的定时器。

TMS320VC5402 有两个 16 位的定时器，每个定时器带有一个 4 位预分频器 PSC 和 16 位定时计数器 TIM。CLKOUT 时钟先经 PSC 预分频后，用分频的时钟再对 TIM 作减 1 计数。当 TIM 减为 0 时，将在定时器输出管脚 TOUT 上产生一个脉冲，同时产生定时器中断请求，并将定时器周期寄存器 PRD 的值装入 TIM。

定时器由 TIM、PRD、TCR 这 3 个寄存器和相应的输出管脚 TOUT 组成。

① TIM 在数据存储器中的地址为 0024H，是减 1 计数器。

② PRD 地址为 0025H，存放定时时间常数。

③ TCR 地址为 0026H，存储定时器的控制及状态位。

定时器产生中断的计算公式如下：

$$定时周期＝CLKOUT*(TDDR+1)*(PRD+1)$$

TMS320VC5402 的定时器可以被特定的状态位实现停止、重新启动、重新设置或禁止。可以使用该定时器产生周期性的 CPU 中断。

定时器初始化的步骤如下。

① 将 TCR 中的 TSS 置位 1，关闭定时器。

② 修改 PRD。

③ 重新设置 TCR：令 TSS=0，TRB=1，并按要求设置 SOFT、FREE、TDDR。

设置定时器中断的步骤（设 INTM=1）如下。

① 将 IFR 中 TINT 位置为 1，清除以前的定时器中断请求。

② 将 IMR 中的 TINT 位置为 1，打开定时器中断。

③ 将 ST1 中的 INTM 位置为 0，使能所有中断。

每当 TIM 减为 0 时，会产生一个定时器中断，并在相应的 TOUT 管脚上产生一个宽度为 CLKOUT 周期的正脉冲。

在 RESET 后，TIM 和 PRD 被设置为最大值（FFFFH），TCR 中的 TDDR 置 0，定时器启动。

定时控制寄存器（TCR）为一个映射到片内的 16 位寄存器，如表 3.3 所示。

表 3.3　　　　　　　　　　　　　TCR 各位的意义

15-12	11	10	9-6	5	4	3-0
RESERVED	SOFT	FREE	PSC	TRB	TSS	TDDR

RESERVED：常常设置为 0。

FREE 和 SOFT：软件调试组合控制位，用于控制调试程序断点操作情况下的定时器状态。当 FREE=0 且 SOFT=0 时，定时器立即停止工作。当 FREE=0 且 SOFT=1 且计数器 TIM 减为 1 时，定时器停止工作。当 FREE=1 且 SOFT=x 时，定时器继续工作。

PSC：预定标计数器。每个 CLKOUT 作减 1 操作，减为 0 时，"TDDR" 寄存器的值装载到 "PSC" 寄存器，TIM 减 1，PSC 的作用相当于预分频器。

TRB：定时器重新加载控制位，用于复位片内定时器。当 TRB 置 1 时，"PRD" 寄存器的值装载到 "TIM" 寄存器，"TDDR" 寄存器的值装载到 "PSC" 寄存器，TRB 常常设置为 0。

TSS：当 TSS=0，定时器开始；当 TSS=1，定时器停止。

TDDR：定时器分频比。以此数对 CLKOUT 分频后再去对 TIM 作减 1 操作，当 "PSC" 为 0，"TDDR" 寄存器的值装载到 "PSC" 寄存器中。

$$TINT(RATE) = \frac{1}{t_{c(c)} \times u \times v} = \frac{1}{t_{c(c)} \times (TDDR+1) \times (PRD+1)}$$

注：$t_{c(c)}$ 是 DSP 芯片时钟周期。

四、实验内容

利用定时器中断制作方波发生器（可以参考光盘文件 test2.mak），通过 XF 引脚控制 LED 发光来检测方波的周期。

五、实验步骤

① 新建一个项目：test2.mak。

② 在项目中编辑以下汇编语言文件（也可以调用光盘中的 test2 文件夹下的 fangbo.asm）。

有时定时的长度不能满足需要，比如 F=50 MHz 时，定时最大是：20 ns*2^4*2^16=20 ms。如果需要更长的定时，就要在定时器中断子程序中再加一个计数器，直到产生一定次数的定时中断后再执行相应的操作。如下程序可以产生 1 Hz 的方波。

```
;===============================================
;    fangbo.asm
;    利用定时器 Timer0 在 XF 脚产生周期 1s 的的方波
;===============================================
            .title "fangbo.asm"
            .mmregs
            .def CodeStart          ; 程序入口
            .def    TINT0_ISR       ; Timer0 中断服务程序

STACK       .usect     "STACK",10H   ; 分配堆栈空间
```

```
            ; 设定定时器 0 控制寄存器的内容
K_TCR_SOFT    .set    0B<<11        ; TCR 第 11 位 soft=0
K_TCR_FREE    .set    0B<<10        ; TCR 第 10 位 free=0
K_TCR_PSC     .set    0B<<6         ; TCR 第 9-6 位，可设跟 TDDR 一样，也可不设
                                       自动加载
K_TCR_TRB     .set    1B<<5         ; TCR 第 5 位 TRB=1 此位置 1，PSC 会自动加载的
K_TCR_TSS     .set    0B<<4         ; TCR 第 4 位 TSS=0
K_TCR_TDDR    .set    1001B<<0      ; TCR 第 3-0 位 TDDR=1001B
K_TCR         .set    K_TCR_SOFT|K_TCR_FREE|K_TCR_PSC|K_TCR_TRB
                                    |K_TCR_TSS |K_TCR_TDDR
K_TCR_STOP    .set    1B<<4         ; TSS=1 时计数器停止


              .data
DATA_DP:
XF_Flag:      .word   1             ;当前 XF 的输出电平标志,如果 XF_Flag=1,则 XF=1
```

```
;==========================================================
;主程序:
;==========================================================
              .text
CodeStart:
              STM     #STACK+10H,SP  ; 设堆栈指针 SP
              LD      #DATA_DP,DP    ; 设数据地址 DP
              STM     #XF_Flag,AR2   ; AR 指向 XF 标志


              ; 改变中断向量表位置
K_IPTR        .set    0080h          ; 指向 0080H，默认是 FF80
              LDM     PMST,A
              AND     #7FH,A         ; 保留低 7 位，清掉高位
              OR      #K_IPTR,A      ;
              STLM    A,PMST
```

```
; 初始化定时器 0
; f=100 MHz，定时最大是：10 ns*2^4*2^16=10 ms,
; 要输出 1s 的方波，可定时 5 ms，再在中断程序中加个 100 计数器
; Tt=10 ns*(1+9)*(1+49999)=5 ms
; f=50 M, Tt=20ns*(1+9)*(1+49999)=10 ms
; 再加 50 计数器
CounterSet    .set    49             ;定义计数次数
PERIOD        .set    49999          ;定义计数周期
```

```
                .asg      AR1,Counter            ; AR1 做计数指针，重新命名以便识别
                STM       #CounterSet,Counter    ; 设计数器初值
                STM       K_TCR_STOP,TCR         ; 停止计数器 0
                STM       #PERIOD,TIM            ; 可设成跟 PRD 一样，也可不设自动加载
                STM       #PERIOD,PRD            ; 设定计数周期
                STM       #K_TCR,TCR             ; 开始 Timer0
                stm       #0008h,IMR             ; 允许 Timer0 中断
                STM       #0008h,IFR             ; 清除挂起的中断
                RSBX      INTM                   ; 开中断
end:            nop
                B         end


;================================================
;Timer0 中断服务程序：TIN0_ISR
;================================================
TINT0_ISR:
                PSHM      ST0                    ; 本中断程序影响 TC，位于 ST0 中

                BANZ      Next,*Counter-         ; 判断不等于 0 时跳转，然后计数器减 1
                STM       #CounterSet,Counter    ; 恢复初值
                                                 ; 判断当前 XF 状态并作电平变化
                BITF      *AR2,#1                ; IF XF_Flag=1 then TC=1    else TC=0
                BC        ResetXF,TC             ; IF TC=1 then XF=0 else XF=1
setXF:
                SSBX      XF                     ; 置 XF 为高电平
                ST        #1,*AR2                ; 相应修改标志
                B         Next
ResetXF:
                RSBX      XF                     ; 置 XF 为高电平
                ST        #0,*AR2                ; 相应修改标志
Next:
                POPM      ST0
                RETE
                .end
```

③ 编写存储器配置文件：（fangbo.cmd）。

```
-e CodeStart            /* This is the entry point reset vector */
-m map.map
-o fangbo.out
MEMORY     {
```

```
            PAGE 0:
                VECT:    org=080h len=80h
                PARAM: org=100h len=0F00h


            PAGE 1:
                DARAM: org=1000h len=1000h
        }


        SECTIONS    {
            .text       :> PARAM PAGE 0
            .vectors    :>VECT PAGE 0
            STACK   :> DARAM    PAGE1
            .data       :> DARAM PAGE 1
            }
```

④ 编写中断向量表文件（vectors.asm）。

中断向量表是 DSP 程序的重要组成部分，下面是 5402 中断向量表的一个示例，可以作为模板。

```
****************************************************************

*vectors.asm
*完整的 5402 中断向量表示例。
*5402 共有 30 个中断向量，每个向量占 4 个字的空间。
*使用的向量一般加一条跳转指令转到相应中断服务子程序，其余空位用 NOP 填充。
*未使用的向量直接用 RETE 返回，是为了防止意外进入未用中断。

****************************************************************


                    .sect ".vectors"        ; 开始命名段.vecotrs
                    .global CodeStart        ; 引用程序入口的全局符号定义
                    ; 引用其他中断程序入口的全局符号定义
                    .align   0x80            ; 中断向量必须对齐页边界
RESET:      B       CodeStart               ; Reset 中断向量，跳转到程序入口
                    NOP                      ; 用 NOP 填充表中其余空字
                    NOP                      ; B 指令占两个字，所以要填两个 NOP
NMI:        RETE                            ; 非屏蔽中断
                    NOP
                    NOP
                    NOP                      ; NMI~
; 软件中断
SINT17      .space 4*16                      ; 软件中断使用较少，简单起见用 0 填充
SINT18      .space 4*16
```

```
SINT19          .space 4*16
SINT20          .space 4*16
SINT21          .space 4*16
SINT22          .space 4*16
SINT23          .space 4*16
SINT24          .space 4*16
SINT25          .space 4*16
SINT26          .space 4*16
SINT27          .space 4*16
SINT28          .space 4*16
SINT29          .space 4*16
SINT30          .space 4*16


INT0:     RETE                          ; 外部中断 INT0
                    NOP
                    NOP
                    NOP
INT1:     RETE                          ; 外部中断 INT1
                    NOP
                    NOP
                    NOP
INT2:     RETE                          ; 外部中断 INT2
                    NOP
                    NOP
                    NOP
TINT:         RETE                      ; Timer0 中断
                    NOP
                    NOP
                    NOP
BRINT0:       RETE                      ; McBSP #0 receive interrupt
                    NOP
                    NOP
                    NOP
BXINT0:       RETE                      ; McBSP #0 transmit interrupt
                    NOP
                    NOP
                    NOP
DMAC0:        RETE                      ; DMA0 中断
                    NOP
                    NOP
```

```
                NOP
TINT1:     RETE              ; Timer1 中断(默认)或 DMA1 中断
                NOP
                NOP
                NOP
INT3:    RETE                ; 外部中断 3
                NOP
                NOP
                NOP
HPINT:     RETE              ; HPI 中断
                NOP
                NOP
                NOP
BRINT1:    RETE              ; McBSP #1 接收中断(默认)或 DMA2 中断
                NOP
                NOP
                NOP
BXINT1:    RETE              ; McBSP #1 发送中断(默认)或 DMA3 中断
                NOP
                NOP
                NOP
DMAC4:     RETE              ; DMA4 中断
                NOP
                NOP
                NOP
DMAC5:     RETE              ; DMA5 中断
                .end
```

在本实验中只要在开头加上中断子程序标号的引用，并在中断表的 TINT 部分换成跳转指令就行了。

```
**********************************************************
*vector.asm for  方波发生器
**********************************************************
            .sect ".vectors"            ; 开始命名段.vecotrs
            .global CodeStart            ; 引用程序入口的全局符号定义
            .global TINT0_ISR
＜节省篇幅，中间省略＞
TINT:       B TINT0_ISR                  ; Timer0 中断
                NOP
                NOP
```

BRINT0:　　　RETE　　　　　　　　　　; McBSP #0 receive interrupt
<下略>

【提示】

第一个中断（Reset 中断）是每个程序都应该有的，在不需要其他中断的情况下，可以只用这一部分，后面全部省掉。

另外一个重要问题是中断向量表的位置，上电时默认是在 FF80H 处，但实际上很多情况下无法把中断向量表加载到 FF80 处，一般重定向到 0080H，并在程序开头重新设置一下 IPTR 的值。

```
K_IPTR    .set    0080h          ; 指向 0080H，默认是 FF80
          LDM     PMST,A
          AND     #7FH,A         ; 保留低 7 位，清掉高位
          OR      #K_IPTR,A      ;
          STLM    A,PMST
```

要注意的是这段代码要用到累加器 A，所以嵌入这段代码的地方必须在用到累加器 A 之前。

更多参考（客户光盘）如下。

a. 关于中断：SPRU131 TMS320C54x DSP Reference Set, Volume 1: CPU and Peripherals，6.10 Interrupts

b. 关于定时器：SPRU131 TMS320C54x DSP Reference Set, Volume 1: CPU and Peripherals，8.4 Timer

⑤ 在 test2.mak 文件中添加 fangbo.asm、vector.asm、fangbo.cmd 文件，进行编译和链接，注意该项目是由汇编语言编写的，应该注意实验一的步骤⑨的选项是否正确。

⑥ 装载 fangbo.out 文件到 DSP 芯片并运行程序，观测 LED 的变化。

六、思考题

① 此实验为软件中断，如果为硬件中断则外部如何中断，DSP 收到中断指令后，如何处理？

② 注意中断向量表书写格式。

③ 改变方波周期，观测实验结果。

<h1 align="center">实验三　定时器实验 Ⅱ</h1>

一、实验目的

① 熟悉 DSP 的定时器。

② 掌握 DSP 定时器的控制方法。

③ 学会使用 C 语言编写定时器中断程序。

二、实验设备

计算机、DSP 实验箱。

三、实验原理

同本章"实验二"。

四、实验内容

利用定时器定时能够准确的设置定时时间。 DSP 的通用 I/O 引脚 XF 的置位和复位操作利用定时器定时来控制 LED 的亮和灭（实验程序可以参考光盘 test3.mak）。

五、实验步骤

① 将计算机与 ZY13DSP12BC2 实验箱通过并口 P1 相连，打开交流开关，依次按下开关 S1、S2。运行 CCS 软件。

② 打开 CCS，并运行 GEL－C54x－C5402_Init 将 DSP 的内部存储器复位，把程序指针指向 FF80，如果一次复位没有成功就重复运行该 5402gel 程序，直到程序指针复位到 FF80，紧接着 FF80 后面****指令代码必须为 0000。

③ 新建项目：test3.mak，并且依次建立以下文件。

a．程序 Test3.c。

****

*程序名：Test3.c。

*设置定时器控制寄存器和周期控制寄存器设置定时周期。

*循环对 XF 位置 1 和清零，用示波器可以在 XF 脚检测到电平高低周期性变化。

*常用于检测 DSP 是否工作。

****

```
#include "REG5402.h"
unsigned int    flag;
unsigned int    TIMER;
*************************************
void cpu_init()
{
    PMST=0x3FA0;
    SWWSR=0x7fff;
    SWCR=0X0000;
    IMR=0;
    IFR=IFR;
}
*************************************
void set_t0()                    /*5402 定时器 0 初始化函数*/
```

```
{
    asm(" ssbx intm");        /*关闭所有可屏蔽中断*/
    TCR0=0x0b1b;              /*定时器 0 停止工作，设置定时器的预定标分频系数 TDDR=11*/
    PRD0=0x4e1f;             /*定时周期控制寄存器设置 PRD=19999*/
                             /*定时周期=CLKOUT*12*20000*/
    IMR=IMR|0x0008;          /*使能定时器 0*/
    IFR=IFR;                 /*读中断标志寄存器*/
    TCR0=0x0b2b;             /*使能定时器 0 工作*/
    asm(" rsbx intm");        /*开放所有可屏蔽中断*/
}


void main(void)
{
    flag=0;
    cpu_init();              /*CPU 初始化*/
    set_t0();                /*定时器 0 初始化*/
    for(;;)                  *********************
    {
        if(flag==1)
            asm(" ssbx xf");    /*主循环*/
        else
            asm(" rsbx xf");*************************
    }
}


interrupt void tint0()       /*定时器 0 中断函数*/
{
    TIMER++;
    if(TIMER%500==0)
        flag=flag^1;
}
```

b．中断向量表 vector.c。
****
* 5402 中断向量表的 C 语言文件。
* 采用在 C 语言中嵌入汇编的方式编写此文件。
****
```
#pragma CODE_SECTION(vect,"vect")


void vect()
```

```
{
    asm(" .ref _c_int00");
    asm(" .ref _tint0");

    asm(" b _c_int00");        /* reset */
    asm(" nop");
    asm(" nop");
    asm(" rete");              /* nmi   */
    asm(" nop");
    asm(" nop");
    asm(" nop");
    asm(" rete");              /*SINT17    软件中断＃17*/
    asm(" nop");
    asm(" nop");
    asm(" nop");
    asm(" rete");              /*SINT18    软件中断＃17*/
    asm(" nop");
    asm(" nop");
    asm(" nop");
    asm(" rete");              /*SINT19    软件中断＃17*/
    asm(" nop");
    asm(" nop");
    asm(" nop");
    asm(" rete");              /*SINT20    软件中断＃17*/
    asm(" nop");
    asm(" nop");
    asm(" nop");
    asm(" rete");              /*SINT21    软件中断＃17*/
    asm(" nop");
    asm(" nop");
    asm(" nop");
    asm(" rete");              /*SINT22    软件中断＃17*/
    asm(" nop");
    asm(" nop");
    asm(" nop");
    asm(" rete");              /*SINT23    软件中断＃17*/
    asm(" nop");
    asm(" nop");
    asm(" nop");
    asm(" rete");              /*SINT24    软件中断＃17*/
```

```
asm(" nop");
asm(" nop");
asm(" nop");
asm(" rete");              /*SINT25    软件中断＃17*/
asm(" nop");
asm(" nop");
asm(" nop");
asm(" rete");              /*SINT26    软件中断＃17*/
asm(" nop");
asm(" nop");
asm(" nop");
asm(" rete");              /*SINT27    软件中断＃17*/
asm(" nop");
asm(" nop");
asm(" nop");
asm(" rete");              /*SINT28    软件中断＃17*/
asm(" nop");
asm(" nop");
asm(" nop");
asm(" rete");              /*SINT29    软件中断＃17*/
asm(" nop");
asm(" nop");
asm(" nop");
asm(" rete");              /*SINT30    软件中断＃17*/
asm(" nop");
asm(" nop");
asm(" nop");
asm(" rete");              /* int0 */
asm(" nop");
asm(" nop");
asm(" nop");
asm(" rete");              /* int1 */
asm(" nop");
asm(" nop");
asm(" nop");
asm(" rete");              /* int2 */
asm(" nop");
asm(" nop");
asm(" nop");
asm(" b _tint0");          /* tint0 */
```

```
        asm(" nop");
        asm(" nop");
        asm(" rete");              /* brint0 */
        asm(" nop");
        asm(" nop");
        asm(" nop");
        asm(" rete");              /* bxint0 */
        asm(" nop");
        asm(" nop");
        asm(" nop");
        asm(" rete");              /* dmac0 */
        asm(" nop");
        asm(" nop");
        asm(" nop");
        asm(" rete");              /* tint1 */
        asm(" nop");
        asm(" nop");
        asm(" nop");
        asm(" rete");              /* int3 */
        asm(" nop");
        asm(" nop");
        asm(" nop");
        asm(" rete");              /* hpint */
        asm(" nop");
        asm(" nop");
        asm(" rete");              /* brint1 */
        asm(" nop");
        asm(" nop");
        asm(" nop");
        asm(" rete");              /* bxint1 */
        asm(" nop");
        asm(" nop");
        asm(" nop");
        asm(" rete");              /* dmac4 */
        asm(" nop");
        asm(" nop");
        asm(" nop");
        asm(" rete");              /* dmac5 */
        asm(" nop");
        asm(" nop");
```

```
        asm(" nop");
        asm(" nop");
        asm(" nop");
        asm(" nop");
        asm(" nop");
        asm(" nop");
        asm(" nop");
        asm(" nop");
}
```

此文件在任何需要请求中断的程序中都可被调用。可以在上电复位后，重新定位中断向量表的位置，中断向量的访问是严格按地址排列的，上面的程序中，每一个语句都不能少，也不能多，少一个 NOP 或多一个 NOP 都是不行的，每个中断向量之间只有 4 个字的间隔。

    c．头文件 REG5402.h。

```
**********************************************************
*此文件包含 5402 寄存器的定义。
*一些实验的特殊定义也包含在此文件中。
**********************************************************
unsigned int    *pmem=0;
/* timer 0 */
#define PRD0    *(pmem+0x0025)    /* timer0 period register */
#define TCR0    *(pmem+0x0026)    /* timer0 control register */


/* timer 1 */
#define PRD1     *(pmem+0x0031)    /* timer1 period register */
#define TCR1     *(pmem+0x0032)    /* timer1 control register */


/* cpu */
#define IMR       *(pmem+0x0000)
#define IFR       *(pmem+0x0001)
#define PMST      *(pmem+0x001d)
#define SWCR      *(pmem+0x002b)
#define SWWSR    *(pmem+0x0028)
#define BSCR      *(pmem+0x0029)


/* mcbsp 1 */
#define SPSA1    *(pmem+0x0048)
#define SPSD1    *(pmem+0x0049)
#define DRR11    *(pmem+0x0041)
#define DRR21    *(pmem+0x0040)
```

```
#define DXR11    *(pmem+0x0043)
#define DXR21    *(pmem+0x0042)
#define DMPREC *(pmem+0x0054)
#define READS    *(pmem+0x4000)
/*mcbsp1 subadress*/
#define PCR1        0x000e
#define RCR11       0x0002
#define RCR21       0x0003
#define XCR11       0x0004
#define XCR21       0x0005
#define SPCR11      0x0000
#define SPCR21      0x0001


/*test4   AD*/
#define TXD                 SPSD1
#define TXD_bitclear   (SPSD1&0xffdf)
#define TXD_bitset      (SPSD1|0x0020)


/*test4 DA*/
#define RXD                 (SPSD1&0x0010)


/*test5   HPI*/
#define BUFFER_MARK      *(pmem+0x0090)
#define RX_BUFFER           *(pmem+0x00a1)
#define TX_BUFFER           *(pmem+0x0091)
```

　　此头文件可以包含在实验的源程序中。头文件和中断函数可以做成模块，头文件以后在实验中直接移植，中断函数根据每个实验的不同要求可以稍做修改。

　　d. 该实验的 test3.cmd 文件。

```
-c
-h
-m test3.map
-o test3.out
test3.OBJ
-rts.lib
-stack 0x100

MEMORY
{
    PAGE 0:  PROG:      origin =    1a00h, length = 2600h
    PAGE 1:  DATA:      origin =    0200h, length = 1800h
```

```
}

SECTIONS
{
    .text    > PROG PAGE 0
    .cinit   > PROG PAGE 0
    .switch > PROG PAGE 0
     vect    > 3f80h PAGE 0

    .data     > DATA PAGE 1
    .bss      > DATA PAGE 1
    .const    > DATA PAGE 1
    .sysmem > DATA PAGE 1
    .stack    > DATA PAGE 1
}
```

④ 在工程管理器中添加文件：test3.c、vector.c、test3.cmd，REG5402.h 文件不用添加。当运行后，包含在此项目下的头文件会自动加入项目管理器中，并且添加 C 语言运行支撑库 rts.lib，注意每个用 C 语言编写的实验都需要使用该库文件。该文件的存放路径是 ccs 安装路径/c5400/cgtools/lib/rts.lib.

⑤ 对该项目进行编译和链接，并下载 test3.out 文件到 DSP 芯片内部，观测 LED 变化的周期。

⑥ 调整定时延时系数 TIMER，观察指示灯闪烁延时的变化。

⑦ 调整寄存器 PRD0、TCR0 的值，观察指示灯的闪烁周期的变化。

六、思考题

① 本实验的定时时间是如何计算的？

② 本实验系统采用的外部时钟输入，f=11.0592 MHz，采用的是 5 倍频模式，请问该系统定时器的最大定时周期是多少？

实验四　外部 RAM 存储实验

一、实验目的

① 掌握 DSP 的程序空间的分配。
② 掌握 DSP 的数据空间的分配。
③ 掌握怎样操作外部 DSP 的数据空间。

二、实验设备

计算机、DSP 实验箱。

三、实验原理

DSP 芯片设计有丰富的内部快速存储器，使用内部存储器可以全速运行，达到芯片的最高速度。因此，充分利用内部存储器可以使 DSP 系统的整体性能达到最佳。

存储器地址、空间分配表如表 3.4 所示。

表 3.4 存储器地址、空间分配表

地址	程序空间分配	地址	程序空间分配	地址	数据空间分配
0000H 007FH	0 页： OVLY=1；保留 OVLY=0；外部存储器	0000H 007FH	0 页： OVLY=1；保留 OVLY=0；外部存储器	0000H 005FH	存储器映射 寄存器
0080H 3FFFH	OVLY=1；片上 DARAM OVLY=0；外部存储器	0080H 3FFFH	OVLY=1；片上 DARAM OVLY=0；外部存储器	0060H 007FH	暂存 存储器
4000H		4000H EFFFH	外部存储器	0080H 3FFFH	片上 DARAM （16 千字*16 位）
	外部存储器	F000H FEFFH	片上 ROM （4 千字*16 位）	4000H EFFFH	外部存储器
FF7FH		FF00H FF7FH	保留	F000H FEFFH	DROM=1；片上 ROM DROM=0；片外 ROM
FF80H FFFFH	中断矢量表 （外部存储器）	FF80H FFFFH	中断矢量表 （片上存储器）	FF00H FFFFH	DROM=1；保留 DROM=0；片外存储器
MP/MC=1 微处理器模式		MP/MC=0 微计算机模式		DROM 控制的数据空间	

对于一般应用，应尽量采用内部 RAM，因此需要做如下设置。

① 将芯片的 MP/MC 引脚接低电平，使芯片工作在微计算机模式。

② 设置 OVLY=1，使片内的 0080H-3FFFH 既映射在程序区，又映射在数据区。

③ 如果要在数据区访问片内的 ROM 区，应设置 DROM=1。

使用这种工作方式时，由于程序区和数据区是重叠的，因此，用户在编程时应注意程序和数据区域的划分。

对于外扩存储器，采用外部 SRAM，仍可以保存以上设置，但是必须修改命令文件*.CMD 文件。

四、实验内容

命令文件对程序空间和数据空间的分配，可以通过观察存储器单元来观察存放的程序代码和数据代码。此实验分为两步，第一步把程序代码和数据代码存放在片上 DARAM 存储区，第二步把程序代码和数据代码存放在外部 SRAM 区。

1. 程序 Test4.c

****

*程序名：Test4.c。

*在存储单元开辟 8 个数组单元。

*程序对这 8 个数组单元操作。
****

****

```
void cpu_init()
{
    PMST=0x3FA0;
    SWWSR=0x7fff;
    SWCR=0X0000;
    IMR=0;
    IFR=IFR;
}
```
****

```
void main(void)
{
    unsigned int i;
    unsigned int MM[8];
    cpu_init();
    for(i=0;i<8;i++)
    {
        *(pmem+0x0090+i)=0x00;
        *(pmem+0x00a0+i)=0x00;
        MM[i]=0x00;
    }
    for(;;)
    {
        for(i=0;i<8;i++)
            *(pmem+0x0090+i)=0xaaaa;
        for(i=0;i<8;i++)
        {
            MM[i]=*(pmem+0x0090+i);
            *(pmem+0x00a0+i)=MM[i];
        }
    }
}
```

2. 对外存操作的命令文件 Test4_1.cmd 文件
****

*程序名：Test4_1.cmd。
*修改目标存储器的分配。
*修改中断矢量表的分配。

```
********************************************************
-c
-h
-mtest4.map
-otest4out
test4.OBJ
-l rts.lib
-stack 0x100
MEMORY
{
    PAGE 0:   PROG:      origin =   5800h, length = 2000h
    PAGE 1:   DATA:      origin =   4000h, length = 1800h
}
SECTIONS
{
    .text     > PROG PAGE 0
    .cinit    > PROG PAGE 0
    .switch   > PROG PAGE 0
     vect     > 6f80h PAGE 0
    .data     > DATA PAGE 1
    .bss      > DATA PAGE 1
    .const    > DATA PAGE 1
    .sysmem > DATA PAGE 1
    .stack    > DATA PAGE 1
}
```

从对照存储器地址、空间分配表中可知，在数据空间 4000H 处开始和程序 5800H 处开始 DSP 寻址到外部存储器中，所以命令文件 Test4_1.cmd 文件分配结果、数据代码和程序代码存放在外部 SRAM 存储器中。

五、实验步骤

① 打开交流开关，依次按下开关 S1、S2。

② 打开 CCS，并运行 GEL－C54x－C5402_Init 将 DSP 的内部存储器复位，把程序指针指向 FF80，如果一次复位没有成功就重复运行该 5402gel 程序，直到程序指针复位到 FF80，紧接着 FF80 后面的 xxxx 指令代码必须为 0000。

③ 新建一个文件夹，取名为 TEST4，把实验三中 REG5402.h 复制到该文件夹下面。新建一个项目，取名为 test4，加入源文件 test4.c，再加入 test4.cmd 文件（该 cmd 文件的编写要求参考实验三的 test3.cmd 文件，自己编写），编译连接，然后下载可执行文件 test4.out。观察 MEMERY 中地址为 0X0200H 开始的数据空间和地址为 0X1a00 的程序空间，可以观察到相应代码，然后再观察 MEMERY 中地址为 0X0090H-0X0097H 和地址为 0X00A0-0X00A7 中的内容。

④ 关闭电源按钮 S1、S2，硬件连接如表 3.5 所示。

表 3.5 硬件连接

计算机并口	DSP 控制板 P1
DJ0	PC19
DJ1	PC20
DJ3	PC17
DJ4	PC18
CH1	M5
CH2	M4
CH3	GND

硬件连线如图 3.2 所示。

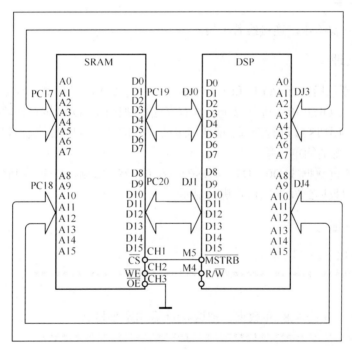

图 3.2 硬件连线

⑤ 依次按下开关 S1、S2。

⑥ 打开 CCS，并运行 GEL－C54x－C5402_Init 将 DSP 的内部存储器复位，把程序指针指向 FF80，如果一次复位没有成功就重复运行该 5402gel 程序，直到程序指针复位到 FF80，紧接着 FF80 后面****指令代码必须为 0000。

⑦ 移走 test4.cmd 文件，加入 test4_1.cmd 文件，把 Test4.c 中的 cpu_init()函数中的 "PMST=0x3Fa0；"改为"PMST=0x6Fa0；"，然后编译下载 test4.out，观察 MEMERY 中地址为 0X4000H 开始的数据空间和地址为 0X5800 的程序空间，可以观察到相应数据代码和程序代码。对照存储器地址、空间分配表可知这些代码存放在外部存储器中。

六、思考题

① 学习 CMD 的编写，掌握程序空间和数据空间是如何分配的。

② 修改 PMST 是 TMS320VC5402 工作在微处理器模式并把程序与数据下载到扩展外部存储空间，应怎样修改程序？

实验五　I/O 口实验

一、实验目的

① 掌握 DSP 的 I/O 口的扩展。

② 掌握 DSP 的 I/O 的操作方法。

二、实验设备

计算机、DSP 实验箱，连接线若干根。

三、实验原理

DSP 芯片一般包括并行 I/O 口和串行 I/O 口。并行 I/O 可以映射在数据存储空间。并行 I/O 口可以由 IN 或 OUT 指令进行寻址。具有存储器映像的 I/O 可按存储器的读写方式进行访问。I/O 口的访问由 IS 线进行选通。增加简单的片外地址译码电路，就可以实现 DSP 的 I/O 口与外部 I/O 口设备的简单连接。

由拨码开关通过数据线 D0～D7 向 DSP 输入 0～255 数据，DSP 收到数据后通过 D8～D15 向发送收到的数据到发光二极管进行显示。

四、实验内容

程序 Test5.c 如下。

```
**********************************************************
*程序名：Test5.c。
*并行从逻辑输入单元读入 8 bit 数据，把这 8 bit 数据拿来显示。
**********************************************************
#include "REG5402.h"
ioport unsigned port8000;
ioport unsigned port8100;

unsigned int    WRITE;
unsigned int    READ;
*************************************
void cpu_init()
{
    PMST=0x3FA0;
```

```
      SWWSR=0x7fff;
      SWCR=0X0000;
    IMR=0;
    IFR=IFR;
}
*************************************
void main(void)
{
  cpu_init();
   READS=0;
   for(;;)
   {
     READ=(READS&0x00ff);
    READS=READ<<8;
   }
}
```

　　程序中的 REG5402.h 文件可以从实验三中的头文件中直接移植。命令文件也可以移植实验三中的命令文件（test3.cmd 文件）取名为 test5.cmd。

五、实验步骤

① 实验硬件图如图 3.3 所示。

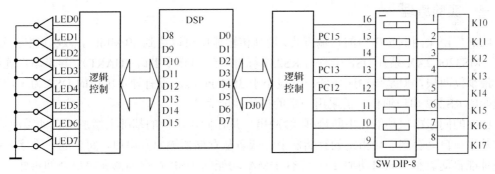

图 3.3 实验硬件图

关闭电源按钮 S1、S2，硬件连接如表 3.6 所示。

表 3.6 硬件连接

计算机并口	DSP 控制板 P1
PC13	PC12
PC15	DJ0
DJ1	PC14
PC16	PC10

② 打开 CCS，并运行 GEL－C54x－C5402_Init 将 DSP 的内部存储器复位，把程序指针指向 FF80，如果一次复位没有成功就重复运行该 5402gel 程序，直到程序指针复位到 FF80，紧接着 FF80 后面****指令代码必须为 0000。

③ 新建一个文件夹，取名为 TEST5，把 REG5402.h 复制到该文件夹下面。新建一个项目，取名为 test5，加入源文件 test5.c，再加入 test5.cmd 文件，编译连接，然后下载可执行文件 test5.out。

④ 通过拨动拨码开关 K10～K17 向 DSP 输入 0～255 数据，观察发光二极管 L00～L07 的点亮情况，看输入与输出是否一致。

六、思考题

如果本例程采用汇编语言，应怎样完成？

实验六　串口与 PC 机通信实验

一、实验目的

① 掌握 DSP 怎样实现与 PC 机串行通信。
② 掌握 DSP 的同步串口。

二、实验设备

计算机、DSP 实验箱，连接线若干根。

三、实验原理

DSP 广泛采用同步串口的传输方式，最高传输速度可以达到 40 Mbit/s，需要 6 根信号线，只有 TMS320C2XX 系列 DSP 带有与 RS232 标准一致的异步串口（UART）。异步串口连线最少，最少仅两根，但是传输速率低，一般小于 38.4 kbit/s。没有异步串口的 DSP 为了能与计算机等的 RS232 串口通信，需采用一定的措施才能完成。

DSP 的同步串口功能在不断增强。缓冲串口是在同步串口的基础上增加了自动缓冲功能，数据从串口自动存到一块指定的存储器中，或者从存储器输出到串口，每传送一个字，存储器地址能自动调整（如自动加 1）。带有 DMA 功能的 DSP 在存储器和串口之间可建立一个 DMA 通道，数据块的传送更加方便。时分多用（TDM）串口是一个允许数据时分多用传送的同步串口，允许多个 DSP 的串口连接在一起，每一个 DSP 分时占用串口。

同步串口的发送/接收数据时钟、发送/接收帧同步信号可以由 DSP 片内设备提供，也可以由外部输入，其速率由内/外时钟基准按任意分频比例产生。传送字长可以设置为不同位宽。

同步、异步串口的工作既可由指令读写串口数据寄存器触发，也可由 DMA 触发，而且在每个字或每块数据传送后都可产生中断请求。当传送数据的速度很高时（如大于 1 Mbit/s），应采用同步串口的中断方式成批传送数据块。当传送数据的速率较低时（如小于 38.4 kbit/s），可以用 DSP 的指令查询方式来传送单个数据，这时异步串口就可以满足要求。

由于同步串口在很多资料均有介绍，我们就不做介绍。本实验是采用同步串口的两根 I/O 线完成异步串口功能。

四、实验内容

TMS320VC5402 DSP 芯片带有同步缓冲串口，这里用同步缓冲串口来模拟异步缓冲串口。

1. 串口发送函数

```
**************************************************************
*函数名称：void serialbyte_send(unsigned int byte)。
*利用 TMS320VC5402 DSP 芯片的同步串口来模拟异步缓冲串口。
*利用串口发送 1 字节（8 bit）数据。
**************************************************************
void serialbyte_send(unsigned int byte)        /*串行数据发送函数*/
{
    unsigned int i,k,a;
    a=byte&0x00ff;
    TXD=TXD_bitclear;                  /*发送起始位*/
    PRD1=0x1df;                        /*利用定时器设波特率，波特率设置为 9600 bit/s*/
    TCR1=0x02eb;                       /*波特率=11.0592M*5/((11+1)*(479+1))=9600 bit/s*/
    for(;timer1_over==0;);
    timer1_over=0;
    for(i=0;i<8;i++)                   /*发送 8 位数据*/
    {
        k=a&0x0001;
        TXD=(k!=0)?TXD_bitset:TXD_bitclear;
        PRD1=0x1df;                    /*利用定时器设波特率，波特率设置为 9600 bit/s*/
        TCR1=0x02eb;                   /*波特率=11.0592M*5/((11+1)*(479+1))=9600 bit/s*/
        for(;timer1_over==0;);
        timer1_over=0;
        a=a>>1;
    }
    TXD=TXD_bitset;                    /*发送停止位*/
    PRD1=0x1df;                        /*利用定时器设波特率，波特率设置为 9600 bit/s*/
    TCR1=0x02eb;                       /*波特率=11.0592M*5/((11+1)*(479+1))=9600 bit/s*/
    for(;timer1_over==0;);
    timer1_over=0;
}
```

2. 串口接收函数

```
**************************************************************
*函数名称：int serialbyte_receive()。
*利用 TMS320VC5402 DSP 芯片的同步串口来模拟异步缓冲串口。
*利用串口接收 1 字节（8 bit）数据。
**************************************************************
```

```
int serialbyte_receive()                    /*串行数据接收函数*/
{
    unsigned int i,a;
    a=0;
    for(;RXD!=0;);
    PRD1=0xef;
    TCR1=0x02eb;
    while(timer1_over==0);
    timer1_over=0;

    if(RXD==0)                    /*判断是否为起始位*/
    {
        for(i=0;i<8;i++)          /*接收 8 位数据*/
        {
            PRD1=0x1df;           /*利用定时器设波特率，波特率设置为 9600 bit/s*/
            TCR1=0x02eb;          /*波特率=11.0592M*5/((11+1)*(479+1))=9600 bit/s*/
            for(;timer1_over==0;);
            timer1_over=0;
            a=a>>1;
            if(RXD!=0)
                a=a|0x8000;
        }
        PRD1=0x1df;               /*利用定时器设波特率，波特率设置为 9600 bit/s*/
        TCR1=0x02eb;              /*波特率=11.0592M*5/((11+1)*(479+1))=9600 bit/s*/
        for(;timer1_over==0;);
        timer1_over=0;

        if(RXD==0) return 0;      /*判断是否为停止位，不是则此次接收无效*/
    }
    else return 0;
    a=a>>8;
    serial_temp=a;
    return 1;
}
```

3. 发送程序 Test6.c

****

*发送程序名：Test6.c。

*并行从逻辑输入单元读入 8 bit 数据，把这 8 bit 数据发送给 DSP 处理器。

*DSP 把数据通过模拟的异步缓冲串口发送给上位机。

****

```
#include "REG5402.h"
int timer1_over;
int read;
*************************************
void cpu_init()
{
    PMST=0x3FA0;
    SWWSR=0x7fff;
    SWCR=0X0000;
    IMR=0;
    IFR=IFR;
    BSCR=0x0002;
SPSA1=0x000e;                       /*对 PCR 寄存器操作*/
SPSD1=0x3020;                       /*发送准备好*/
}
*************************************
void timer1_init()                  /*定时器 1 初始化函数  */
{
    PRD1=0x1df;                     /*利用定时器设波特率，波特率设置为 9600 bit/s*/
    TCR1=0x02eb;                    /*波特率=11.0592M*5/((11+1)*(479+1))=9600 bit/s*/
    IMR=IMR|0x0080;                 /*使能定时器 1*/
}
main()                              /*主函数*/
{
    int i;
    read=0;
  asm(" ssbx intm");
  cpu_init();
  timer1_init();
  asm(" rsbx intm");

  for(;;)
  {
     read=(READS&0x00ff);
     serialbyte_send(read);
     for(i=0;i<8;i++)
     {
         PRD1=0x1df;
         TCR1=0x02eb;
         for(;timer1_over==0;);
```

```
            timer1_over=0;
        }
    }
}
interrupt void timer1_int()           /*定时器 1 的中断处理函数*/
{
    timer1_over=1;
    TCR1=0x2db;
}
```

4. 中断向量表 vector6.c 的编写

****

这个实验中使用的中断向量表不同于实验六,把该后的中断向量表取名为 vector6.c。依照实验三的 vector.c,修改的地方如表 3.7 所示。

****

表 3.7 实验六中修改的地方

实验三的中断向量表中的语句数内容		修改后实验六中的语句数和内容	
2	asm(" .ref _tint0");	2	asm(" .ref _timer1_int");
78	asm(" b _tint0"); /* tint0 */	78	asm(" rete"); /* tint0 */
		79	加入 "asm(" nop");"
93	asm(" rete"); /* tint1 */	94	asm(" b _timer1_int"); /* tint1 */
94	asm(" nop");	94	删去
从 95 行开始以下程序语句不用修改			

在程序中使用的是定时器 1 而不是定时器 0,所以在中断向量表中定时器 0 的位置没有任何操作,必须直接返回,后面紧跟 3 个 "NOP" 语句保证每个中断向量之间有 4 个字的间隔。在定时器 1 的位置由于要进入中断,所以使用 "b _timer1_int" 进入定时器 1 的中断处理函数,由于这语句条这条语句占用两个字,所以只能跟 2 个 "NOP" 来保证 4 个字的间隔。

串口发送和接收实验都可以使用该中断向量表(vector6.c)。

5. 接收程序 Test6.c

****

*接收程序名:Test6.c。
*上位机软件中通过异步缓冲串口发送 8 位数据到 DSP 中。
*DSP 把这 8 位数据并行送出显示。

****

```
#include "REG5402.h"
int timer1_over;
int read;
int serial_temp;
```

```
****************************************
void cpu_init()
{
    PMST=0x3FA0;
    SWWSR=0x7fff;
    SWCR=0X0000;
    IMR=0;
    IFR=IFR;
BSCR=0x0002;
SPSA1=0x000e;                       /*对 PCR 寄存器操作*/
SPSD1=0x3020;                       /*发送准备好*/
}
****************************************
void timer1_init()                  /*定时器 1 初始化函数 */
{
    PRD1=0x1df;                     /*利用定时器设波特率，波特率设置为 9600 bit/s*/
    TCR1=0x02eb;                    /*波特率=11.0592M*5/((11+1)*(479+1))=9600 bit/s*/
    IMR=IMR|0x0080;                 /*使能定时器 1*/
}
main()                              /*主函数*/
{
    int i;
    read=0;
    serial_temp=0;
    asm(" ssbx intm");
    cpu_init();
    timer1_init();
    asm(" rsbx intm");
    for(;;)
    {
      i=serialbyte_receive();
      if(i==1)
          READS=serial_temp;
    }
}
interrupt void timer1_int()         /*定时器 1 的中断处理函数*/
{
    timer1_over=1;
}
```

五、实验步骤

1. 串口发送实验步骤

① 关闭电源按钮 S1、S2，硬件连接如表 3.8 所示。

表 3.8	硬件连接
计算机并口	DSP 控制板 P1
计算机串口 1	实验箱串口 B1
PC12	PC13
PC15	DJ0
S11	M18

连接后的电路原理图如图 3.4 所示。

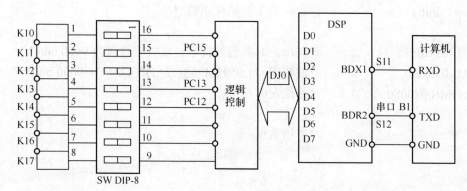

图 3.4　电路原理图

其原理是控制 MCBSP 的 BDX1、BDR1 分别接收和发送从 PC 机串口传入的数据。

② 开启电源按钮 S1、S2，打开 CCS，并运行 GEL－C54x－C5402_Init 将 DSP 的内部存储器复位，把程序指针指向 FF80，如果一次复位没有成功就重复运行该 5402gel 程序，直到程序指针复位到 FF80，紧接着 FF80 后面****指令代码必须为 0000。

③ 新建一个文件夹，取名为 TEST6，在 TEST6 文件夹下面新建一个文件夹取名为 send，把 REG5402.h 复制到 send 文件夹下面。在 send 文件夹中新建一个项目，取名为 test6，加入发送程序 test6.c 和中断向量表 vector6.c，再加入 test6.cmd 文件（该 cmd 文件的编写要求参考实验三的 test3.cmd 文件，自己编写），编译连接，然后下载串口发送可执行文件 test6.out。

④ 运行桌面上的"DSP 教学实验系统"软件，填上正确的串口号，单击"打开串口"。

⑤ 拨动拨码开关 K10～K17 向 DSP 输入 0～255 数据。

⑥ 在 DSP 串口通信实验窗口上选择读入数据的格式，单击"读"按钮，观测读入数据是否和输入数据一致。

⑦ 改变输入拨码开关的值，再次单击"读"按钮，观测读入数据是否和输入数据一致。

2. 串口接收实验步骤

① 关闭电源按钮 S1、S2，硬件连接如表 3.9 所示。

表 3.9	硬件连接
计算机并口	DSP 控制板 P1
计算机串口 1	实验箱串口 B1
DJ0	PC14
PC16	PC10
S12	M58

连接后的电路原理图如图 3.5 所示。

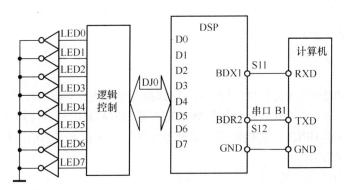

图 3.5　电路原理图

② 开启电源按钮 S1、S2，打开 CCS，并运行 GEL－C54x－C5402_Init 将 DSP 的内部存储器复位，把程序指针指向 FF80，如果一次复位没有成功就重复运行该 5402gel 程序，直到程序指针复位到 FF80，紧接着 FF80 后面****指令代码必须为 0000。

③ 在 TEST6 文件夹下面再新建一个文件夹取名为 receive，把 REG5402.h 复制到 receive 文件夹下面。在 receive 文件夹中新建一个项目，取名为 test6，加入接收程序 test6.c 和中断向量表 vector6.c，再加入 test6.cmd 文件（该 cmd 文件的编写要求参考实验三的 test3.cmd 文件，自己编写），编译连接，然后下载串口接收可执行文件 test6.out。

④ 运行桌面上的"DSP 教学实验系统"软件，填上正确的串口号，单击"打开串口"。

⑤ 在"DSP 串口通信实验"的文本输入窗口下写入要从串口传入的二进制或十进制数值，注意数值范围应该是 0～255，然后单击"写"按钮，将数据传入，观察发光二级管 L00～L07 的状态是否和输入数据一致。

⑥ 改变输入数值，重复上述实验。

六、思考题

① DSP 是如何设置与 PC 相一致的 9600 波特率？

② 在异步串口通信中，为什么单片机只发送 8 位数据，而 DSP 必须发送 10 位数据，即 1 位起时位，8 位数据位，1 位停止位？

实验七 主机接口（HPI）实验

一、实验目的

① 了解 DSP 的 HPI 口的基本工作原理。

② 掌握 DSP 的 HPI 通信的实际应用。

③ 掌握单片机与 DSP 的 HPI 接口通信原理。

二、实验设备

计算机、DSP 实验箱，连接线若干。

三、实验原理

TMS320VC5402 的主机接口包括相应的管脚和 3 个片内寄存器，片外的主机通过修改控制寄存器 HPIC 设置工作模式，通过设置地址寄存器 HPIA 来指定要访问的片内 RAM 单元，通过读写数据寄存器 HPID 来对指定的存储器单元读写。主机通过 HCNTL0、HCNTL1 引脚电平选择 3 个寄存器中的一个。

TMS320VC5402 的主机接口有两种工作方式。

① 共用选址（SAM）：主机和 TMS320VC5402 都可以访问片内存储器，异步工作的主机的访问会被 TMS320VC5402 的时钟同步，主机与 TMS320VC5402 的访问冲突时，主机有优先权，TMS320VC5402 退让（等待）下一个周期。

② 仅主机寻址方式（HOM），TMS320VC5402 处于复位状态或 IDLE2 空闲状态。

主机接口控制寄存器 HPIC 既可以被主机访问，也可以被 TMS320VC5402 访问，但是 HPIA 和 HPID 只能由主机访问，如表 3.10 所示。

表 3.10　　　　　　　　　　　　　　主机控制寄存器 HPIC

位	名称	主机	DSP	说明
4	XHPIA	R/W	R	为 1 时，主机向 DSP 写的数据被存入 HPIA 的高 8 位；为 0 时，主机向 DSP 写的数据被存入 HPIA 的低 8 位
3	HINT	R/W	R/W	DSP 向主机发出中断请求，此位为 1 时，管脚 HINT=0，提出请求
2	DSPINT	W	/	主机向此位写 1，就对 DSP 提出了主机中断请求，若对其读，其值总为 0
1	SMOD	R	R/W	SMOD=1，为共用寻址方式；SMOD=0，为仅主机寻址方式
0	BOB	R/W		BOB=1，则第一个字节为 16 位数据或地址的低字节；B0B=0，第一字节为高字节

四、实验内容

本实验 8 位数据通过单片机 P0 口读进来，单片机通过 P1 口与 DSP 的主机接口 HPI 口相连接，通过 P1 口单片机把数据传送到 DSP 中。DSP 处理后，再通过 HPI 接口把数据传送给单片机的 P1 口，单片机通过 P2 口把数据传到发光二极管显示。这里单片机为主机，内部包含与 DSP 的主机接口的通信协议。DSP 的处理过程比较简单，把单片机传来的数据处理完后，它负责向单片机产生中断请求，把处理后的数据发送给单片机。

程序 Test7.c 如下。

```
**********************************************************
*接收程序名：Test7.c。
*单片机于 DSP 通过主机接口（HPI）进行通信。
*HPI 接口的 8 位数据可以双向传输。
**********************************************************
#include "REG5402.h"
**************************************
void cpu_init()
{
    PMST=0x3FA0;
    SWWSR=0x7fff;
    SWCR=0X0000;
    IMR=0;
    IFR=IFR;
    IMR=IMR|0x0200;                  /*允许 HPI 传输中断请求*/
}
**************************************
void main(void)                      /*主函数*/
{
    unsigned char i,j;

    cpu_init();
    for(;;)
    {
        i=TX_BUFFER;
        j=0xff-i;
        RX_BUFFER=j;
        *(pmem+0x2c)=0x0a;
    }
}
```

程序中 DSP 把单片机传送过来的数据进行反相处理，再传送给单片机。

五、实验步骤

① 关闭电源按钮 S1、S2，硬件连接如表 3.11 所示。

表 3.11	硬件连接
计算机并口	DSP 控制板 P1
PC24	DJ2
PC23	PC12
PC25	PC13
PC15	PC10
S13	CH23
S14	CH22

连接后的电路图如图 3.6 所示。

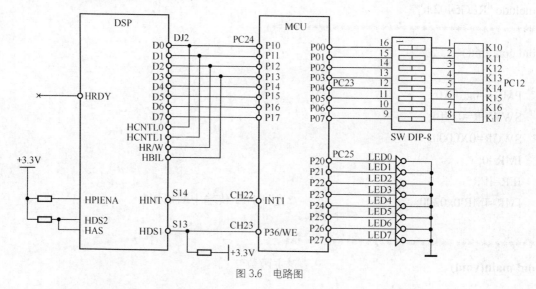

图 3.6 电路图

② 依次按下开关 S1、S2。

③ 打开 CCS，并运行 GEL－C54x－C5402_Init 将 DSP 的内部存储器复位，把程序指针指向 FF80，如果一次复位没有成功就重复运行该 5402gel 程序，直到程序指针复位到 FF80，紧接着 FF80 后面****指令代码必须为 0000。

④ 新建一个文件夹，取名为 TEST7，把 REG5402.h 复制到该文件夹下面。在文件夹中新建一个项目，取名为 test7，加入发送程序 test7.c，再加入 test7.cmd 文件（该 cmd 文件的编写要求参考实验三的 test3.cmd 文件，自己编写），编译连接，然后下载串口发送可执行文件 test7.out。

⑤ 通过拨动开关 K10～K17 对单片机输入 0～255 不同的数据，本程序目的是将输入数据按位取反输出，观察 L00～L07 发光二级管是否是输入数据的反向输出。

⑥ 观察计算输入数据和输出数据之和是否是 255。

六、思考题

① 单片机如何初始化 HPIC 控制寄存器？
② 单片机如何中断 DSP？
③ DSP 如何中断单片机？

实验八 A/D 转换和 D/A 转换实验

一、实验目的

① 熟悉 A/D 转换与 D/A 转换的基本原理。
② 掌握 ADUC812 的技术指标和常用的方法。
③ 熟悉 DSP 对 ADUC812 的操作。

二、实验设备

计算机、DSP 实验箱，连接线若干。

三、实验原理

1. ADUC812 的主要性能特点

ADUC812 是全集成的 12 位数据采集系统，它在单个芯片内包含了高性能的自校准多通道 ADC（8 路）、2 个 12 位的 DAC 以及可编程的 8 位 MCU（与 8051 兼容）。

片内有 8K 的闪速/电擦除程序存储器、640B 的闪速/电擦除数据存储器、256B 数据 SRAM（支持可编程）以及与 8051 兼容的内核。

另外，MCU 支持的功能包括看门狗定时器、电源监视器以及 ADC DMA 功能。为多处理器接口和 I/O 扩展提供了 32 条可编程的 I/O 线、与 I^2C 兼容的串行接口、SPI 串行接口和标准的 UART 串行接口。

MCU 内核和模拟转换器两者均有正常、空闲以及掉电工作模式，它们提供了适合于低功率应用的、灵活的电源管理方案。器件包括在工业温度范围内用 3 V 和 5 V 电压工作的两种规格，有 52 脚、塑料四方扁平封装形式（PQTP）可供使用。

2. A/D 转换实验原理

对 ADUC812 的第 8 路模拟输入通道提供不同的模拟电压值 n，由 ADUC812 进行 A/D 转换后，把数字值通过 12 位的数据线发送个 DSP，DSP 把接收到的数字值通过串行口发送到 PC 机，DSP 教学实验系统软件把收到的数字值转换为电压值在软件上进行显示。其中传递的数字值为：

$$m = \frac{4095 \times n(\mathrm{V})}{2.5(\mathrm{V})}$$

比较实际输入的电压值 n 与显示电压值，计算 A/D 转换误差。

3. D/A 转换实验原理

在 DSP 教学实验系统软件上输入 0～4095 数字值 m，通过串行口发送给 DSP，DSP 把接收到的数字值通过 12 位数据线发送到 ADUC812，由 ADUC812 进行 D/A 转换后，通过模拟输出通道 0 输出。输出的电压值 n 为：

$$n = \frac{2.5(\mathrm{V}) \times m}{4095}$$

比较理论输出电压值与实测电压值，计算 D/A 转换误差。

四、实验内容

TMS320VC5402 DSP 芯片带有同步缓冲串口，这里用同步缓冲串口来模拟异步缓冲串口。

1. A/D 转换发送函数

****
*函数名称：void serialbyte_send(unsigned int byte,int abc)。
*利用 TMS320VC5402 DSP 芯片的同步串口来模拟异步缓冲串口。
*握手协议：DSP 向 PC 机发送 0xffff。
*利用串口发送 1 字（16 bit）数据。
****

```
void serialbyte_send(unsigned int byte,int abc)
{
    unsigned int i,k,a;
    if(abc==1)
    {
        a=byte>>8;
        TXD=TXD_bitclear;              /*发送高 8 位数据 */
        PRD1=0x1df;                    /*利用定时器设波特率，波特率设置为 9600 bit/s*/
        TCR1=0x02eb;                   /*波特率=11.0592M*5/((11+1)*(479+1))=9600 bit/s*/
        for(;timer1_over==0;);
        timer1_over=0;

        for(i=0;i<8;i++)               /*发送高 8 位*/
        {
            k=a&0x0001;
            TXD=(k!=0)?TXD_bitset:TXD_bitclear;
            PRD1=0x1df;                /*利用定时器设波特率，波特率设置为 9600 bit/s*/
            TCR1=0x02eb;               /*波特率=11.0592M*5/((11+1)*(479+1))=9600 bit/s*/
            for(;timer1_over==0;);
            timer1_over=0;

            a=a>>1;
        }

        TXD=TXD_bitset;               /*发送停止位 */
        PRD1=0x1df;                    /*利用定时器设波特率，波特率设置为 9600 bit/s*/
        TCR1=0x02eb;                   /*波特率=11.0592M*5/((11+1)*(479+1))=9600 bit/s*/
        for(;timer1_over==0;);
        timer1_over=0;
    }
```

```
        a=byte&0x00ff;
        TXD=TXD_bitclear;              /*发送起始位*/
        PRD1=0x1df;                    /*利用定时器设波特率，波特率设置为 9600 bit/s*/
        TCR1=0x02eb;                   /*波特率=11.0592M*5/((11+1)*(479+1))=9600 bit/s*/
        for(;timer1_over==0;);
        timer1_over=0;
        for(i=0;i<8;i++)               /*发送低 8 位数据 */
        {
            k=a&0x0001;
            TXD=(k!=0)?TXD_bitset:TXD_bitclear;
            PRD1=0x1df;                /*利用定时器设波特率，波特率设置为 9600 bit/s*/
            TCR1=0x02eb;               /*波特率=11.0592M*5/((11+1)*(479+1))=9600 bit/s*/
            for(;timer1_over==0;);
            timer1_over=0;
            a=a>>1;
        }
        TXD=TXD_bitset;                /*发送头停止位 */
        PRD1=0x1df;                    /*利用定时器设波特率，波特率设置为 9600 bit/s*/
        TCR1=0x02eb;                   /*波特率=11.0592M*5/((11+1)*(479+1))=9600 bit/s*/
        for(;timer1_over==0;);
        timer1_over=0;
}
```

　　2. D/A 转换接收函数
```
**********************************************************
*函数名称：int serialbyte_receive()。
*利用 TMS320VC5402 DSP 芯片的同步串口来模拟异步缓冲串口。
*握手协议：PC 机向 DSP 发送 0xff。
*利用串口接收 1 字（16 bit）数据。
**********************************************************
int    serialbyte_receive()          /*串行数据接收函数*/
{
    unsigned int i,a;
    a=0;
    for(;RXD!=0;);
    PRD1=0xef;
    TCR1=0x02eb;                      /*起始定时*/
    while(timer1_over==0);
    timer1_over=0;

    if(RXD==0)                        /*判断起始位*/
```

```
    {
        for(i=0;i<8;i++)              /*开始接收 8 位数据*/
        {
            PRD1=0x1df;               /*利用定时器设波特率，波特率设置为 9600 bit/s*/
            TCR1=0x02eb;              /*波特率=11.0592M*5/((11+1)*(479+1))=9600 bit/s*/
            for(;timer1_over==0;);
            timer1_over=0;
            a=a>>1;
            if(RXD!=0)
                a=a|0x8000;
        }

        PRD1=0x1df;                   /*利用定时器设波特率，波特率设置为 9600 bit/s*/
        TCR1=0x02eb;                  /*波特率=11.0592M*5/((11+1)*(479+1))=9600 bit/s*/
        for(;timer1_over==0;);
        timer1_over=0;
        if(RXD==0) return 0;          /*判断停止位，如果位 1 则正确接收*/
    }
    else return 0;
    a=a>>8;
    serial_temp=a;
    return 1;
}
```

3. A/D 转换发送程序 Test8.c

```
*************************************************************
*发送程序名：Test8.c。
*AD 转把模拟量换成 12 位数据，把这 12 bit 数据发送给 DSP 处理器。
*DSP 把数据通过模拟的异步缓冲串口发送给上位机。
*************************************************************
#include "REG5402.h"
int timer1_over;
int read;
***************************************
void cpu_init()
{
    PMST=0x3FA0;
    SWWSR=0x7fff;
    SWCR=0X0000;
    IMR=0;
    IFR=IFR;
```

```c
    BSCR=0x0002;
    SPSA1=0x000e;                   /*对 PCR 寄存器操作*/
    SPSD1=0x3020;                   /*发送准备好*/
}
/************************************/
void timer1_init()                  /*定时器 1 初始化函数 */
{
    PRD1=0x1df;                     /*利用定时器设波特率，波特率设置为 9600 bit/s*/
    TCR1=0x02eb;                    /*波特率=11.0592M*5/((11+1)*(479+1))=9600 bit/s*/
    IMR=IMR|0x0080;                 /*使能定时器 1 中断*/
}
main()                              /*主函数*/
{
    read=0;
    asm(" ssbx intm");
    cpu_init();
    timer1_init();
    asm(" rsbx intm");
    for(;;)
    {
        serialbyte_send(0xffff,1);  /*发送与上位机的通信协议 0xffff*/
        read=(READS&0x0fff);
        serialbyte_send(read,1);    /*发送 AD 转换后的 12 位数据*/
    }
}
interrupt void timer1_int()         /*定时器 1 的中断处理函数*/
{
    timer1_over=1;
    TCR1=0x2db;
}
```

4. DA 转换接收程序 Test6.c

```
*******************************************************
*接收程序名：Test6.c。
*上位机软件中通过异步缓冲串口发送 12 位数据到 DSP 中。
*这 12 位数据经过 DA 转换成模拟量。
*******************************************************
```

```c
#include "REG5402.h"
int timer1_over;
int serial_temp;
int a1;
```

```
int a2;
*****************************************
void cpu_init()
{
    PMST=0x3FA0;
    SWWSR=0x7fff;
    SWCR=0X0000;
    IMR=0;
    IFR=IFR;
    BSCR=0x0002;
    SPSA1=0x000e;        /*对 PCR 寄存器操作*/
    SPSD1=0x3020;        /*发送准备好*/
}
*****************************************
void timer1_init()       /*定时器 1 初始化函数 */
{
    PRD1=0x1df;          /*利用定时器设波特率，波特率设置为 9600 bit/s*/
    TCR1=0x02eb;         /*波特率=11.0592M*5/((11+1)*(479+1))=9600 bit/s*/
    IMR=IMR|0x0080;      /*使能定时器 1 中断*/
}
main()                   /*主函数*/
{
    int i;
    serial_temp=0;
    asm(" ssbx intm");
    cpu_init();
    timer1_init();
    asm(" rsbx intm");
    for(;;)
    {
        i=serialbyte_receive();
        if(serial_temp==0xff)    /*接收握手协议，上位机发送 0xff*/
        {
            i=serialbyte_receive();
            a1=serial_temp;      /*接收的高 8 位数据*/
            i=serialbyte_receive();
            a2=serial_temp;      /*接收的低 8 位数据*/
            READS=(a1<<8)+a2;
        }
    }
```

```
}
interrupt void timer1_int()          /*定时器 1 的中断处理函数*/
{
    timer1_over=1;
    TCR1=0x039b;                      /*关定时器 1*/
}
```

五、实验步骤

1. A/D 转换实验

① 先关闭软件，再关闭电源按钮 S1、S2，硬件连接如表 3.12 所示。

表 3.12　　　　　　　　　　　　　　　硬件连接

计算机并口	DSP 控制板 P1
计算机串口 1	实验箱串口 B1
PC10	PC13
PC11	PC14
AD7	TP17
TP33	GND
PC15	DJ0
PC16	DJ1
M18	S11

② 依次按下开关 S1、S2、KD1，上拨开关 K18，按下 K21 使 ADUC812 复位。此时电路原理图如图 3.7 所示。

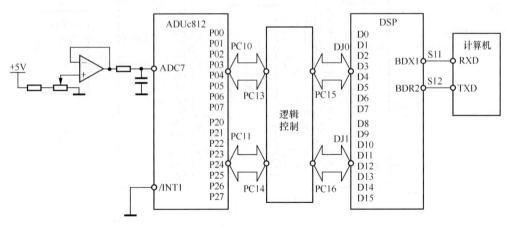

图 3.7　电路原理图

③ 打开 CCS，并运行 GEL－C54x－C5402_Init 将 DSP 的内部存储器复位，把程序指针指向 FF80，如果一次复位没有成功就重复运行该 5402gel 程序，直到程序指针复位到 FF80，紧接着 FF80 后面****指令代码必须为 0000。

④ 新建一个文件夹，取名为 TEST8，在 TEST8 文件夹下面新建一个文件夹取名为 AD，把 REG5402.h 复制到 AD 文件夹下面。在 AD 文件夹中新建一个项目，取名为 test8，加入 AD 转换发送程序 test8.c 和中断向量表 vector6.c，再加入 test8.cmd 文件（该 cmd 文件的编写要求参考实验三的 test3.cmd 文件，自己编写），编译连接，然后下载 AD 转换可执行文件 test8.out。

⑤ 运行桌面上的"DSP 教学实验系统"软件，填上正确的串口号，单击"打开串口"。

⑥ 在 A/D 实验部分选择"转换方式"和"显示方式"，并选择好采样间隔，1～1 000 ms，然后单击"启动"按钮，可以观察到 A/D 转换的电压值范围是 0～2.5 V。

2. D/A 转换实验

① 关闭电源按钮 S1、S2，硬件连接如表 3.13 所示。

表 3.13　　　　　　　　　　　　　　　　　硬件连接

计算机并口	DSP 控制板 P1
计算机串口 1	实验箱串口 B1
PC10	PC15
PC11	PC16
TP32	GND
PC13	DJ0
PC14	DJ1
M58	S12

② 依次按下开关 S1、S2，关闭 KD1，上拨开关 K18，按下 K21 使 ADUC812 复位。此时电路原理图如图 3.8 所示。

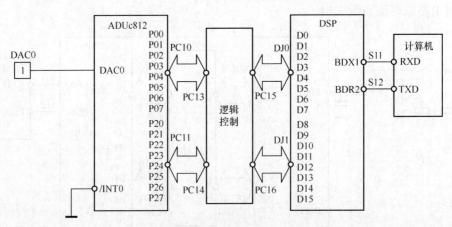

图 3.8　电路原理图

③ 打开 CCS，并运行 GEL－C54x－C5402_Init 将 DSP 的内部存储器复位，把程序指针指向 FF80，如果一次复位没有成功就重复运行该 5402gel 程序，直到程序指针复位到 FF80；紧接着 FF80 后面的 xxxx 指令代码必须为 0000。

④ 在 TEST8 文件夹下面再新建一个文件夹取名为 DA，把 REG5402.h 复制到 DA 文件

夹下面。在 DA 文件夹中新建一个项目，取名为 test8，加入 DA 转换接收程序 test8.c 和中断向量表 vector6.c，再加入 test8.cmd 文件（该 cmd 文件的编写要求参考实验三的 test3.cmd 文件，自己编写），编译连接，然后下载 DA 转换可执行文件 test8.out。

⑤ 运行桌面上的"DSP 教学实验系统"软件，填上正确的串口号，单击"打开串口"。

⑥ 在 D/A 实验的文本输入窗口输入相应格式的数据，数据范围是 0~4095，单击"转换"按钮，然后可以看到发光二极管 L00~L07 显示转换数据的低 8 位，还可以用万用表测量 DA0 脚观察输出电压是否和计算机显示相同，电压的输出范围是 0~2.5V。

六、思考题

① 如果 A/D 转换器换为 ADC0809，设计其与 DSP 组成的 A/D 转换系统。

② 如果 D/A 转换器换为 DAC0832，设计其与 DSP 组成的 D/A 转换系统。

关于DAC子件的详细源代码参见下一节的程序清单。由于DA转换将应用于下面几个实验，所以用户有必要了解清楚DA各个函数的作用及DA的硬件连接。

第四章 软件算法实验

实验九 基本算术运算实验

一、实验目的

① 掌握 DSP 的定点运算。
② 掌握 DSP 的浮点运算。

二、实验设备

计算机、DSP 实验箱。

三、实验原理

在定点 DSP 芯片内，采用定点数进行数值运算，其操作数一般采用整形数来表示。一个整形数的最大表示范围取决于 DSP 芯片所给定的字长。字长越长，所表示的范围越大，精度也越高。

DSP 芯片的数以 2 的补码形式表示。每个 16 位数用一个符号位来表示数的正负，0 表示数值为正，1 则表示数据为负，其余 15 位表示数值的大小。因此：

二进制数 0010 0000 0000 0011B=8195
二进制数 1111 1111 1111 1100B=-4

对于 DSP 芯片而言，参与数值运算的数就是 16 位整形数。但是在许多情况下，数学运算过程中的数不一定都是整数。那么，DSP 芯片是如何处理小数的呢？应该说，DSP 芯片本身是无能为力。那么是不是说 DSP 芯片就不能处理各种小数呢？当然不是。这其中的关键就由程序员来确定一个数的小数点处于 16 位中的哪一位。这就是数的定标。

通过设定小数点在 16 位数中的不同位置，就可以表示不同大小和不同精度的小数了。数的定标有 Q 表示法和 S 表示法两种，如表 4.1 所示。

表 4.1　　　　　　　　　　Q 表示、S 表示及数值范围

Q 表示	S 表示	十进制数表示范围
Q15	S0.15	$-1 \leqslant X \leqslant 0.9999695$
Q14	S1.14	$-2 \leqslant X \leqslant 1.9999390$

Q 表示	S 表示	十进制数表示范围
Q13	S2.13	$-4 \leq X \leq 3.9998779$
Q12	S3.12	$-8 \leq X \leq 7.9997559$
Q11	S4.11	$-16 \leq X \leq 15.9995117$
Q10	S5.10	$-32 \leq X \leq 31.9990234$
Q9	S6.9	$-64 \leq X \leq 63.9980469$
Q8	S7.8	$-128 \leq X \leq 127.9960938$
Q7	S8.7	$-256 \leq X \leq 255.9921875$
Q6	S9.6	$-512 \leq X \leq 511.9804375$
Q5	S10.5	$-1024 \leq X \leq 1023.96875$
Q4	S11.4	$-2048 \leq X \leq 2047.9375$
Q3	S12.3	$-4096 \leq X \leq 4095.875$
Q2	S13.2	$-8192 \leq X \leq 8191.75$
Q1	S14.1	$-16384 \leq X \leq 16383.5$
Q0	S15.0	$-32768 \leq X \leq 32767$

从表 4.1 可以看出,同样一个 16 位数,若小数点设定的位置不同,它所表示的数也就不相同。例如:

16 进制数 2000H=8192,用 Q0 表示;

16 进制数 2000H=0.25,用 Q15 表示。

但是对于 DSP 来说,其处理方法是完全相同的。

从表 4.1 还可以看出,不同的 Q 所表示的数不仅范围不同,而且精度也不相同,Q 越大,数值范围越小,但是精度越高;相反,Q 越小,数值范围越大,但精度就越低。因此,对于定点数而言,数值范围与精度是相矛盾的,一个变量要想能够表示比较大的数值范围,必须以牺牲精度为代价;而想要提高精度,则数的表示范围就相应地减小。在实际的定点算法中,为了达到最佳的性能,必须充分考虑到这一点。

浮点数(X)转换为定点数(X_Q): $X_Q = (\text{int})X * 2^Q$

定点数(X_Q)转换为浮点数(X): $X = (\text{float})X_Q * 2^{-Q}$

例如:定点的加法可以描述为:

int x,y,z;

long temp;

temp=y $\ll$ (Qx-Qy);1

temp=x+temp;

z=(int)(temp $\gg$ (Qx-Qz)); 若 Qx $\geq$ Qz

z=(int)(temp $\gg$ (Qz-Qx)); 若 Qz $\geq$ Qx

四、实验步骤与内容

① 将计算机与 ZY13DSP12BC2 实验箱通过并口 P1 相连。

② 运行 CCS 软件，装入例程客户软件\DSP 程序\test9 并运行。

③ 打开变量窗口"Watch Window"（单击 图标），在此窗口右键单击"Insert New Expression"，在弹出的窗口"Watch Add Expression"中输入所要观察的变量。首先输入"sin_value"，由于 sin_value 是数组首址，变量窗口会显示这个首地址。想要观察变量需要输入"sin_value[i]"，这里的 i 指代具体的值。

④ 单击"View\Graph\Time \Freqency"，进入图形观察窗口，在"Graph Property Dialog"窗口需要修改下面内容如表 4.2 所示。

表 4.2 需要修改的内容

Display Type	Single Time
Start Address	sin_value 的地址
Acquistion Buffer Size	100
Display Data Size	100
Dsp Data Type	32-bit floating point

修改完后单击"OK"按钮。

⑤ 观察波形显示窗口是否有正弦波显示。

本实验观察的波形如图 4.1 所示。

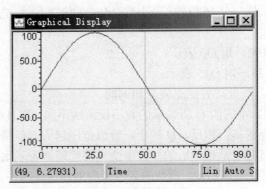

图 4.1 实验波形图

五、思考题

① 定点减法如何运算，试编程进行验证。

② 定点乘法如何运算，试编程进行验证。

③ 定点除法如何运算，试编程进行验证。

实验十 卷积（Convolve）算法实验

一、实验目的

① 了解卷积算法的原理。

② 掌握 TMS320C5402 程序的软件调试方法。

二、实验设备

计算机、DSP 实验箱。

三、实验原理

若 LTI 系统对 $\delta(n)$ 的响应为 $h(n)$，$h(n)$ 称为系统的单位脉冲响应，则由此不变特性可得出系统对 $\delta(n-k)$ 的响应为 $h(n-k)$；系统对 $\sum\limits_{k=-\infty}^{\infty} x(k)\delta(n-k)$ 的响应为 $\sum\limits_{k=-\infty}^{\infty} x(k)h(n-k)$，即离散时间 LTI 系统对输入 $x(n)$ 的响应为

$$y(n) = \sum_{k=-\infty}^{\infty} x(k)h(n-k)$$

此式称为卷积和，通常记为

$$y(n) = x(n) * h(n)$$

四、实验步骤与内容

① 熟悉卷积的基本原理。
② 将计算机与 ZY13DSP12BC2 实验箱通过并口 P1 相连。
③ 运行 CCS 软件，装入例程客户软件\DSP 程序\test10 并运行。
④ 打开变量窗口"Watch Window"（单击 图标），在此窗口右键单击"Insert New Expression"，在弹出的窗口"Watch Add Expression"中输入所要观察的变量。例如，y_real[0]、y_real[1]等。
⑤ 把观察的数值与指导书所给的数值进行比较。
⑥ 填写实验报告。

五、实验报告要求

① 简述实验原理及目的。
② 总结在使用 CCS 中遇到的问题。
③ 分析样例中算法的实现方法。

六、Convolve 子程序

时域表达式：$y(n) = \sum\limits_{m=0}^{n} h(m)x(n-m), n = 0,1,k,\dots,l-1$

子程序参数说明如下。
N1：序列 $x[i]$ 的长度。
N2：冲激响应 $h[i]$ 的长度。
y_real：卷积和的实部。
y_imag：卷积和的虚部。
n：卷积和的长度。

子程序流程图如图 4.2 所示。

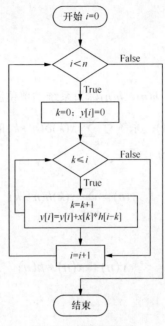

图 4.2 子程序流程图

七、样例说明与结果

本程序的输入序列数组的实部 x_real 为 e 的负幂，虚部 x_imag 为 0，数组长度 N1 为 8；冲激响应数组的实部 h_real 为 1，虚部为 h_imag 为 0，数组长度 N2 为 8。

卷积和的结果实部 y_real，虚部 y_imag 如表 4.3 所示。

表 4.3   卷积和的结果

y_real[0]	1.000000	y_imag[0]	0.000000
y_real[1]	1.367879	y_imag[1]	0.000000
y_real[2]	1.503215	y_imag[2]	0.000000
y_real[3]	1.553002	y_imag[3]	0.000000
y_real[4]	1.571317	y_imag[4]	0.000000
y_real[5]	1.578055	y_imag[5]	0.000000
y_real[6]	1.580534	y_imag[6]	0.000000
y_real[7]	1.581446	y_imag[7]	0.000000
y_real[8]	0.581446	y_imag[8]	0.000000
y_real[9]	0.213567	y_imag[9]	0.000000
y_real[10]	0.078231	y_imag[10]	0.000000
y_real[11]	0.028444	y_imag[11]	0.000000
y_real[12]	0.010129	y_imag[12]	0.000000
y_real[13]	0.003391	y_imag[13]	0.000000
y_real[14]	0.000912	y_imag[14]	0.000000

实验十一 相关（Correlation）算法实验

一、实验目的

① 了解相关算法。
② 学习相关算法的实现方法。

二、实验设备

计算机、DSP 实验箱。

三、实验原理

广义平稳随机信号 $x(n)$ 和 $y(n)$ 的相关函数的定义为：

$$r_{xy}(m) = E\{x^*(n)y(n+m)\}$$

如果 $x(n)$，$y(n)$ 是各态遍历的，则上式的集合平均可以由单一样本序列的时间平均来实现，即

$$r_{xy}(m) = \lim_{N \to \infty} \frac{1}{2N+1} \sum_{n=-N}^{N} x^*(n)y(n+m)$$

如果观察的点数 N 为有限值，则求 $r(m)$ 估计值的一种方法是

$$\hat{r}(m) = \frac{1}{N} \sum_{n=0}^{N-1} x_N(n) x_N(n+m)$$

由于 $x(n)$ 只有 N 个观察值，因此，对于每一个固定的延迟 m，可以利用的数据只有 $N-1-|m|$ 个，且在 $0 \sim N\text{-}1$ 的范围内，$x_N(n) = x(n)$，所以在实际计算 $\hat{r}(m)$ 上式变为

$$\hat{r}(m) = \frac{1}{N} \sum_{n=0}^{N-1-|m|} x(n)x(n+m)$$

$\hat{r}(m)$ 的长度为 2N-1，这是有偏估计。无偏估计为

$$\hat{r}(m) = \frac{1}{N-|m|} \sum_{n=0}^{N-1-|m|} x(n)x(n+m)$$

四、实验步骤与内容

① 熟悉相关算法原理。
② 将计算机与 ZY13DSP12BC2 实验箱通过并口 P1 相连。
③ 运行 CCS 软件，装入例程客户软件\DSP 程序\test11 并运行。
④ 打开变量窗口"Watch Window"（单击🔳图标），在此窗口右键单击"Insert New

Expression"，在弹出的窗口"Watch Add Expression"中输入所要观察的变量。例如，x_real[0]、x_real[1]等。

⑤ 把观察的数值与指导书所给的数值进行比较。

⑥ 填写实验报告。

五、Correlation 子程序

时域表达式：

$$r(m) = \frac{1}{N} \sum_{n=0}^{N-1-|m|} x(n)x(n+m)$$

$$r(m) = \frac{1}{N-|m|} \sum_{n=0}^{N-1-|m|} x(n)x(n+m)$$

子程序参数说明如下。

n：序列 x 和 y 的阶数。

m：延迟，输出序列的阶数。

mode：0 代表无偏相关估计；1 代表有偏估计。

子程序流程图如图 4.3 所示。

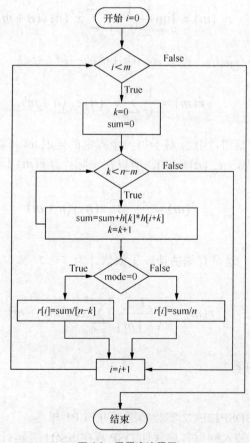

图 4.3   子程序流程图

六、样例说明与结果

本程序的输入序列的实部 x_real,y_real 均为 1, 虚部 x_imag,y_imag 均为 0, 长度为 $n=20$。输出序列 r 的长度为 $m=8$。

当 mode=0 时，输出序列的实部 r_real 均为 1.000000, 虚部 r_imag 均为 0.000000；

当 mode=1 时，输出序列的实部 r_real, 虚部 r_imag 如表 4.4 所示。

表 4.4   **输出序列的结果**

r_real[0]	1.000000	r_imag[0]	0.000000
r_real[1]	0.950000	r_imag[1]	0.000000
r_real[2]	0.900000	r_imag[2]	0.000000
r_real[3]	0.850000	r_imag[3]	0.000000
r_real[4]	0.800000	r_imag[4]	0.000000
r_real[5]	0.750000	r_imag[5]	0.000000
r_real[6]	0.700000	r_imag[6]	0.000000
r_real[7]	0.650000	r_imag[7]	0.000000

实验十二　快速傅里叶变换（FFT）算法实验

一、实验目的

① 加深对 DFT 算法原理和基本性质的理解。

② 熟悉 FFT 算法原理和 FFT 子程序的应用。

③ 学习用 FFT 对连续信号和时域信号进行谱分析，了解可能出现的分析误差及其原因。

二、实验设备

计算机、DSP 实验箱。

三、实验原理

① 离散傅立叶变换（DFT）的定义：将时域的采样变换成频域的周期性离散函数，频域的采样也可以变换成时域的周期性离散函数，这样的变换称为离散傅立叶变换，简称 DFT。

② FFT 是 DFT 的一种快速算法，将 DFT 的 N^2 次运算量减少为 $(N/2)\log_2 N$ 次，极大地提高了运算的速度。

③ $W_N = e^{-j2\pi/N}$，称为蝶形因子式旋转因子。

四、FFT 算法

对于旋转因子 W_N 来说，有如下的对称性和周期性。

对称性：$W_N^k = -W_N^{k+N/2}$

周期性：$W_N^k = W_N^{k+N}$

FFT 就是利用了旋转因子的对称性和周期性来减少运算量的。

FFT 算法将长序列的 DFT 分解为短序列的 DFT。N 点的 DFT 先分解为两个 $N/2$ 点的 DFT，

每个 *N*/2 点的 DFT 又分解为两个 N/4 点的 DFT 等，最小变换的点数即基数，基数为 2 的 FFT 算法的最小变换是 2 点 DFT。

一般而言，FFT 算法分为时间抽选（DIT）FFT 和频率抽选（DIF）FFT 两大类。时间抽取 FFT 算法的特点是每一级处理都是在时域里把输入序列依次按奇/偶一分为二分解成较短的序列；频率抽取 FFT 算法的特点是在频域里把序列依次按奇/偶一分为二分解成较短的序列来计算。

DIT 和 DIF 两种 FFT 算法的区别是旋转因子 W_N^k 出现的位置不同，DIT FFT 中旋转因子 W_N^k 在输入端，DIF FFT 中旋转因子 W_N^k 在输出端，除此之外，两种算法是一样的。在本设计中实现的是基 2 的时间抽取 FFT 算法。

时间抽取 FFT 是将 *N* 点输入序列按照偶数和奇数分解为偶序列和奇序列两个序列。

偶序列：*x*（0），*x*（2），*x*（4），……，*x*（*N*-2）

奇序列：*x*（1），*x*（3），*x*（5），……，*x*（*N*-1）

因此，x（n）的 N 点 FFT 可表示为：

$$X(k) = \sum_{n=0}^{N/2-1} x(2n)W_N^{2nk} + \sum_{n=0}^{N/2-1} x(2n+1)W_N^{(2n+1)k} = Y(k) + W_N^k Z(k)$$

上式中，*Y*(*k*)、*Z*(*k*)分别是一个 *N*/2 点的 DFT。以同样方式进一步抽取，就可以得到 *N*/4 点的 DFT，重复这个抽取过程就可以使 *N* 点的 DFT 用一组 2 点的 DFT 来计算。在基数为 2 的 FFT 中，设 *N*=2 *M*，则总共有 *M* 级运算，每级有 *N*/2 个 2 点 DFT 蝶形运算，因此，*N* 点 FFT 共有（*N*/2）$\log_2 N$ 个蝶形运算。

五、实验步骤与内容

① 复习 DFT 的定义、性质和用 DFT 作谱分析的有关内容。

② 复习 FFT 算法原理与编成思想，并对照 DIF-FFT 运算流程图和程序框图，了解本实验提供的 FFT 子程序。

③ 将计算机与 ZY13DSP12BC2 实验箱通过并口 P1 相连。

④ 运行 CCS 软件，装入例程客户软件\DSP 程序\test12 并运行。

⑤ 打开变量窗口 "Watch Window"（单击 🔲 图标），在此窗口右键单击 "Insert New Expression"，在弹出的窗口 "Watch Add Expression" 中输入所观察的变量。例如，输入 x2_real[0]，x2_real[1]等变量得到变量的值，输入 x 得到首地址。

⑥ 单击 "View\Graph\Time \Freqency"，进入图形观察窗口，在 "Graph Property Dialog" 窗口需要修改的内容如表 4.5 所示。

表 4.5　　　　　　　　　　　　需要修改的内容

Display Type	Single Time
Start Address	x 的地址
Acquistion Buffer Size	16
Display Data Size	16
Dsp Data Type	32-bit floating point

⑦ 把观察的数值和图形与指导书所给的数值与图形进行比较。

⑧ 填写实验报告。

六、实验报告要求

① 简述实验原理及目的。

② 结合实验中所给定典型序列幅频特性曲线，与理论结果比较，并分析说明误差产生的原因以及用 FFT 作谱分析时有关参数的选择方法。

③ 总结实验所得主要结论。

七、FFT 子程序

子程序参数说明如下。

r：级数。

N：运算点数。

$wk[i]$：旋转因子。

$x1[i]$：输入信号。

$x2[i]$：FFT 的输出信号。

子程序流程图如图 4.4 所示。

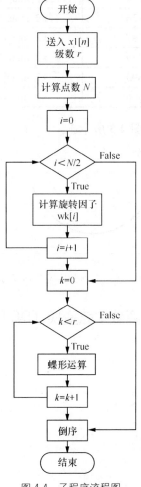

图 4.4　子程序流程图

八、样例说明与结果

本程序的输入序列的实部 x1_real 为 e 的幂，虚部 x1_imag 为 0；级数 r 为 4，长度为 16。输出序列实部 x2_real，虚部 x2_imag 如表 4.6 所示。

表 4.6 输出序列的结果

x2_real[0]	1.581976	x2_imag[0]	0.000000
x2_real[1]	1.448965	x2_imag[1]	-0.309014
x2_real[2]	1.202893	x2_imag[2]	-0.422924
x2_real[3]	1.006379	x2_imag[3]	-0.398088
x2_real[4]	0.880797	x2_imag[4]	-0.324027
x2_real[5]	0.805126	x2_imag[5]	-0.239873
x2_real[6]	0.761134	x2_imag[6]	-0.157122
x2_real[7]	0.738188	x2_imag[7]	-0.077562
x2_real[8]	0.731058	x2_imag[8]	0.000000
x2_real[9]	0.738188	x2_imag[9]	0.077562
x2_real[10]	0.761134	x2_imag[10]	0.157122
x2_real[11]	0.805126	x2_imag[11]	0.239874
x2_real[12]	0.880797	x2_imag[12]	0.324027
x2_real[13]	1.006379	x2_imag[13]	0.398088
x2_real[14]	1.202893	x2_imag[14]	0.422924
x2_real[15]	1.448966	x2_imag[15]	0.309014

输出序列的振幅谱 x[i] 波形如图 4.5 所示。

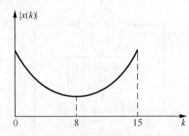

图 4.5　输出序列的振幅谱 x[i] 波形

实验十三　离散余弦变换（DCT）算法实验

一、实验目的

① 了解图像处理中的常用算法。
② 学习 DCT 算法的实现方法。

二、实验设备

计算机、DSP 实验箱。

三、实验原理

离散余弦变换是与离散傅立叶变换紧密相关的，它是一个独立的线性变换，是正弦正交变换的一种；二维 DCT 变换等效于分别在两个维度上进行一维 DCT 变换。它主要是应用在图像的压缩处理、模式识别等方面。

Ahmed 和 Rao 于 1974 年首先给出了离散余弦变换（DCT）的定义。

给定序列 $x(n)$，$n=0，1，\cdots，N-1$，其离散余弦变换定义为：

$$X_c(0) = \frac{1}{\sqrt{N}}\sum_{n=0}^{N-1}x(n)$$

$$X_c(k) = \sqrt{\frac{2}{N}}\sum_{n=0}^{N-1}x(n)\cos\frac{(2n+1)k\pi}{2N} \qquad k=1, 2, \cdots\cdots, N-1$$

变换的核函数：

$$C_{k,n} = \sqrt{\frac{2}{N}}g_k\cos\frac{(2n+1)k\pi}{2N} \qquad k=1, 2, \cdots\cdots, N-1$$

是实数，式中系数：

$$g_k = \begin{cases} 1/\sqrt{2} & k=0 \\ 1 & k \neq 0 \end{cases}$$

这样，若 $x(n)$ 是实数，那么它的 DCT 也是实数；而对傅立叶变换，若 $x(n)$ 是实数，其 DFT 一般是复数。由此可看出，DCT 避免了复数运算。

四、DCT 第二类快速算法

根据以上式子，DCT 可以写成如下形式：

$$X_c(k) = \sqrt{\frac{2}{N}}\,\mathrm{Re}\{e^{-jk\pi/2N}\sum_{n=0}^{2N-1}x_{2N}(n)e^{-j\frac{2\pi}{2N}nk}\}$$

由上式可知，计算一个 N 点 DCT 可以通过 $2N$ 点 FFT 来实现。

具体步骤如下。

① 将 $x(n)$ 补 N 个零形成 $2N$ 点序列 $x_{2N}(n)$。

② 用 FFT 求 $x_{2N}(n)$ 的 DFT，得 $X_{2N}(k)$。

③ 将 $X_{2N}(k)$ 乘以因子 $e^{-jk\pi/2N}$，然后取实部，得 $X'_{2N}(k)$。

④ 令 $X_c(0) = \sqrt{\frac{1}{N}}X'_{2N}(0)$

$$X_c(k) = \sqrt{\frac{2}{N}}X'_{2N}(k)$$

即完成 N 点的 DCT 计算。

五、实验步骤与内容

① 复习有关 DCT 的基本知识。

② 阅读本实验所提供的样例子程序客户软件\test13。

③ 将计算机与 ZY13DSP12BC2 实验箱通过并口 P1 相连。

④ 运行 CCS 软件，装入例程客户软件\DSP 程序\test13 并运行。

⑤ 打开变量窗口 "Watch Window"（单击 图标），在此窗口右键单击 "Insert New Expression"，在弹出的窗口 "Watch Add Expression" 中输入所要观察的变量。例如，xc[0]、xc[1]等。

⑥ 把观察的数值与指导书所给的数值进行比较。

⑦ 填写实验报告。

六、实验报告要求

① 简述 DCT 的基本原理。

② 说明 DCT 系数是如何确定的。

七、DCT 子程序

DCT 的公式写成：

$$X_c(k) = \sqrt{\frac{2}{N}} \operatorname{Re}\left\{ e^{-jk\pi/2N} \sum_{n=0}^{2N-1} x_{2N}(n) e^{-j\frac{2\pi}{2N}nk} \right\}$$

子程序参数说明如下。

n：DCT 的点数。

N：$2 \times n$，FFT 的点数。

r：FFT 的级数。

x_c：n 点的 DCT。

子程序流程图如图 4.6 所示。

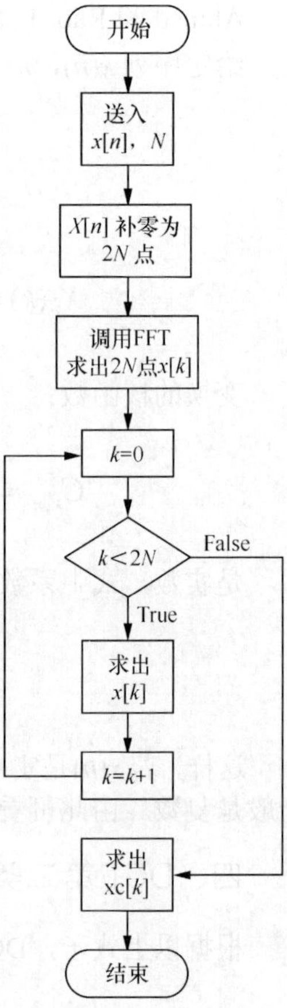

八、样例说明与结果

本程序的输入序列的实部 x1_real 为 e 的幂，虚部 x1_imag 为 0；DCT 的点数为 8。输出序列 xc 的值如表 4.7 所示。

表 4.7　　　　　　　　　　　　　　　输出序列 xc 的值

xc[0]	0.559125
xc[1]	0.680647
xc[2]	0.474582
xc[3]	0.307907
xc[4]	0.196782
xc[5]	0.123970
xc[6]	0.073031
xc[7]	0.033982

图 4.6　子程序流程图

实验十四　有限冲击响应滤波器（FIR）算法实验

一、实验目的

① 掌握用窗函数法设计 FIR 数字滤波器的原理和方法。
② 熟悉线性相位 FIR 数字滤波器特性。
③ 了解各种窗函数对滤波特性的影响。

二、实验设备

计算机、DSP 实验箱。

三、实验原理

1. 有限冲击响应数字滤波器的基础理论

FIR 数字滤波器是一种非递归系统,其冲激响应 $h(n)$ 是有限长序列,其差分方程表达式为:

$$y(n) = \sum_{i=0}^{N-1} h(i)x(n-i)$$

N 为 FIR 滤波器的阶数。

在数字信号处理应用中往往需要设计线性相位的滤波器,FIR 滤波器在保证幅度特性满足技术要求的同时, 很容易做到严格的线性相位特性。为了使滤波器满足线性相位条件,要求其单位脉冲响应 $h(n)$ 为实序列,且满足偶对称或奇对称条件,即 $h(n)=h(N-1-n)$ 或 $h(n)= -h(N-1-n)$。这样,当 N 为偶数时,偶对称线性相位 FIR 滤波器的差分方程表达式为

$$y(n) = \sum_{i=0}^{N/2-1} h(i)\big[x(n-i) + x(N-1-n-i)\big]$$

由上可见, FIR 滤波器不断地对输入样本 $x(n)$ 延时后, 再做乘法累加算法, 将滤波器结果 $y(n)$ 输出, 因此, FIR 实际上是一种乘法累加运算。而对于线性相位 FIR 而言, 利用线性相位 FIR 滤波器系数的对称特性, 可以采用结构精简的 FIR 结构将乘法器数目减少一半。

2. 模拟滤波器原理（巴特沃斯滤波器、切比雪夫滤波器）

为了用物理可实现的系统逼近理想滤波器的特性, 通常对理想特性做如下修改。

① 允许滤波器的幅频特性在通带和阻带有一定的衰减范围, 幅频特性在这一范围内允许有起伏。

② 在通带与阻带之间允许有一定的过渡带。

工程中常用的逼近方式有巴特沃思（Butterworth）逼近、切比雪夫（Chebyshev）逼近和椭圆函数逼近。相应设计的滤波器分别为巴特沃思滤波器、切比雪夫滤波器和椭圆函数滤波器。巴特沃思滤波器的模平方函数由下式描述:

$$|H_B(\Omega)|^2 = \frac{1}{1+(\dfrac{\Omega}{\Omega_c})^{2n}}$$　　　　n 为阶数；Ω_c 为滤波器截止频率

切比雪夫滤波器比同阶的巴特沃思滤波器具有更陡峭的过渡带特性和更优的阻带衰减特性。切比雪夫低通滤波器的模平方函数定义为

$$|H_c(\Omega)|^2 = \frac{1}{1+\varepsilon^2 T_n^2(\Omega)}$$

其中，ε 为决定 $|H_c(\Omega)|$ 等波动起伏幅度的常数；n 为滤波器的阶数；$T_n(\Omega)$ 是 n 阶切比雪夫多项式。

四、加窗法设计 FIR 滤波器步骤

① 给出希望设计的滤波器的频率响应函数 $H_d(\mathrm{e}^{jw})$。

② 根据允许的过渡带宽度及阻带衰减，初步选定窗函数和 N 值。

③ 计算以下积分，求出 $h_d(n)$。

$$h_d(n) = \frac{1}{2\pi}\int_{-\pi}^{\pi}H_d(\mathrm{e}^{jw})\mathrm{e}^{jwn}\mathrm{d}w$$

④ 将 $h_d(n)$ 与窗函数相乘得 FIR 数字滤波器的冲激响应 $h(n)$。

$$h(n) = h_d(n) \cdot w(n)$$

⑤ 计算 FIR 数字滤波器的频率响应，并验证是否达到所要求的指标。

五、实验步骤与内容

① 学习如何设计 FIR 数字滤波。

② 阅读本实验原理，掌握设计步骤。

③ 将计算机与 ZY13DSP12BC2 实验箱通过并口 P1 相连。

④ 运行 CCS 软件，装入例程客户软件\DSP 程序\test14 并运行。

⑤ 打开变量窗口 "Watch Window"（单击 🔲 图标），在此窗口右键单击 "Insert New Expression"，在弹出的窗口 "Watch Add Expression" 中输入所要观察的变量。输入 db，可得到 db 的地址。

⑥ 单击 "View\Graph\Time \Freqency"，进入图形观察窗口，在 "Graph Property Dialog" 窗口需要修改的内容如表 4.8 所示。

表 4.8　　　　　　　　　　　　需要修改的内容

Display Type	Single Time
Start Address	db 的地址
Acquistion Buffer Size	200
Display Data Size	200
Dsp Data Type	32-bit floating point

⑦ 把程序中变量 m 的值依次改为 2、3、4、5，重复以上步骤④、⑤、⑥。

⑧ 把观察到的图形与指导书所给的图形进行比较。

⑨ 填写实验报告。

本实验观察输出幅频响应 db 的波形如图 4.7 所示。

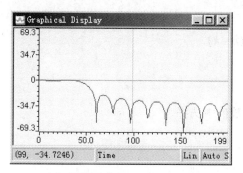

（a）当选择窗体 $m=1$ 时，矩形窗

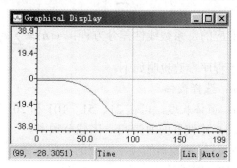

（b）当选择窗体 $m=2$ 时，巴特利特窗

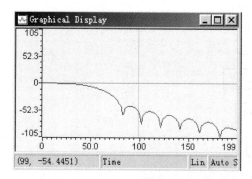

（c）当选择窗体 $m=3$ 时，汉宁窗

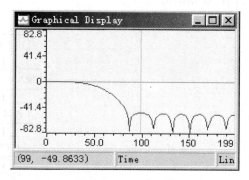

（d）当选择窗体 $m=4$ 时，哈明窗

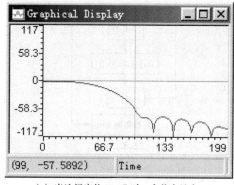

（e）当选择窗体 $m=5$ 时，布莱克曼窗

图 4.7　输出幅频响应 db 的波形

六、实验报告要求

① 简述实验原理及目的。

② 自己设计一串数据应用样例子程序，进行滤波。

③ 总结设计 FIR 滤波器的主要步骤。

④ 描绘出输入、输出数组的曲线。

七、FIR 子程序

系统函数：$H(z) = \sum_{k=0}^{M} b_k Z^{-k}$

对应的常系数线性差分方程：$y(n) = \sum_{k=0}^{M} b_k x(n-k)$

子程序参数说明如下。

m：选择窗体。

n：窗体长度，可在 21、51、101 和 201 等数值中选择。

wc：滤波器的通带归一化截至频率。

1：计算滤波器的频率响应的离散点数。

$w[i]$：窗函数。

$h[i]$：加窗响应。

子程序流程图如图 4.8 所示。

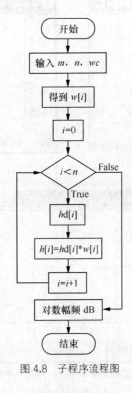

图 4.8　子程序流程图

实验十五　无限冲击响应滤波器（IIR）算法实验

一、实验目的

① 熟悉设计 IIR 数字滤波器的原理与方法。

② 掌握数字滤波器的计算机仿真方法。

③ 通过观察对实际信号的滤波作用，获得对数字滤波器的感性认识。

二、实验设备

计算机、DSP 实验箱。

三、实验原理

1. IIR 滤波器直接型结构

数字滤波器的输入 $x[k]$ 和输出 $y[k]$ 之间的关系可以用如下常系数线性差分方程及其 z 变换描述。

$$y[k] = \sum_{p=0}^{N} a_p x[k-p] + \sum_{p=1}^{M} b_p y[k-p]$$

系统的转移函数为

$$H(z) = \frac{Y(z)}{X(z)} = \frac{\sum_{k=1}^{M} b_k z^{-k}}{1 - \sum_{k=0}^{N} a_k z^{-k}}$$

设 $N=M$，则传输函数变为

$$H(z) = \frac{a_0 + a_1 z^{-1} + \ldots + a_N z^{-N}}{1 + b_1 z^{-1} + \ldots + b_N Z^{-N}} = C \prod_{j=1}^{N} \frac{z - z_j}{z - p_j}$$

它具有 N 个零点和 N 个极点，如果任何一个极点在 Z 平面单位圆外，则系统不稳定。如果系数 b_j 全部为 0，滤波器成为非递归的 FIR 滤波器，这时系统没有极点，因此 FIR 滤波器总是稳定的。对于 IIR 滤波器，有系数量化敏感的缺点。由于系统对序列施加的算法，是由加法、延时和常系数乘法 3 种基本运算的组合，所以可以用不同结构的数字滤波器来实现而不影响系统总的传输函数。

2. IIR 数字滤波器的设计

数字滤波器设计的出发点是从熟悉的模拟滤波器的频率响应出发，IIR 滤波器的设计有两种方法：第一种方法先设计模拟低通滤波器，然后通过频带变换而成为其他频带选择滤波器（带通、高通等），最后通过滤波器变换得到数字域的 IIR 滤波器；第二种方法先设计模拟低通滤波器，然后通过滤波器变换而得到数字域的低通滤波器，最后通过频带变换而得到期望的 IIR 滤波器。

3. IIR 与 FIR 数字滤波器的比较

① 在相同技术指标下，IIR 滤波器由于存在着输出对输入的反馈，因而可用比 FIR 滤波器较少的阶数来满足指标的要求。

② FIR 滤波器可得到严格的线性相位，而 IIR 滤波器选择性越好，相位的非线性越严重。

③ FIR 滤波器主要采用非递归结构，因而从理论上以及从实际的有限精度的运算中，都是稳定的。IIR 滤波器必须采用递归结构，极点必须在 z 平面单位圆内，才能稳定，这种结构，运算中的四舍五入处理，有时会引起寄生振荡。

四、用双线性变换法设计巴特沃斯滤波器步骤

① 根据实际需要规定滤波器在数字截止频率 Wp 和 W_T 处的衰减（单位为 dB）。

② 由数字截止频率 W_p 和 W_T 处的衰减计算模拟巴特沃斯滤波器的阶数 N 和频率 W_c。

③ 求出模拟巴特沃斯滤波器的极点，并根据极点求出传递函数 $H(s)$。

④ 使用双线性变换法将 $H(s)$ 转换成数字滤波器的系统函数 $H(z)$。

五、实验步骤与内容

① 复习有关巴特沃私滤波器设计和用双线性变换法设计 IIR 数字滤波器的知识。

② 阅读本实验所提供的样例子程序客户软件\test15。

③ 将计算机与 ZY13DSP12BC2 实验箱通过并口 P1 相连。

④ 运行 CCS 软件，装入例程客户软件\DSP 程序\test15 并运行。

⑤ 打开变量窗口"Watch Window"（单击 图标），在此窗口右键单击"Insert New Expression"，在弹出的窗口"Watch Add Expression"中输入所要观察的变量。输入"hwdb"，可得到 hwdb 的地址。

⑥ 单击 View\Graph\Time \Freqency，进入图形观察窗口，在"Graph Property Dialog"窗口需要修改下面的内容如表 4.9 所示。

表 4.9 需要修改的内容

Display Type	Single Time
Start Address	hwdb 的地址
Acquistion Buffer Size	50
Display Data Size	50
Dsp Data Type	32-bit floating point

⑦ 把观察的数值和图形与指导书所给的数值与图形进行比较。

⑧ 填写实验报告。

本实验观察的波形如图 4.9 所示。

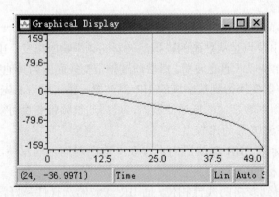

图 4.9　波形图

样例说明：本程序的输入通带截止频率 f_p 为 100 Hz，通带最大衰减 a_p 为 3 dB，阻带起始频率 f_r 为 300 Hz，阻带最小衰减 a_r 为 20 dB。

六、实验报告要求

① 简述 IIR 滤波器的基本原理。

② 对比 FIR 滤波器与 IIR 滤波器的异同。

③ 描绘出输入、输出数组的曲线。

七、IIR 子程序

系统函数： $H(z) = \dfrac{1}{1 - \sum\limits_{k=1}^{N} a_k Z^{-k}}$

对应的常系数线性差分方程： $y(n) = x(n) + \sum\limits_{k=0}^{N} a_k y(n-k)$

子程序参数说明如下。

lowpass_input 函数：输入参数。

f_p：通带截止频率。

a_p：通带最大衰减。

f_r：阻带起始频率。

a_r：阻带最小衰减。

f_s：采样频率。

bcg 函数：产生模拟 Butterworth 低通滤波器 $H(s)$分母系数 $h[i]$。

bsf 函数：双线性变换后的分母分子系数 ptr_a[i]和 ptr_b[i]。

hwdb[k]：对数幅频响应。

子程序流程图如图 4.10 所示。

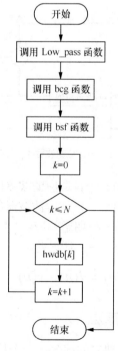

图 4.10　子程序流程图

实验十六　自适应滤波器 LMS 算法实验

一、实验目的

① 了解自适应滤波器的特点和应用。
② 学习自适应滤波器的 LMS 算法。
③ 熟悉使用 DSP 实现自适应滤波器的过程。

二、实验设备

计算机、DSP 实验箱。

三、实验原理

常规滤波器具有特定的特性，输入信号根据滤波器的特性产生相应的输出。也就是，先有了滤波器构成的权系数，然后决定相应的输出值。但有些实际应用是反过来要求的，即对滤波器输出的要求是明确的，而滤波器特性无法预先知道。采用具有固定滤波器系数的滤波器不能实现最优滤波，必须依赖自适应滤波技术。

一个自适应的滤波器，其权系数可以根据一种自适应算法来不断修改，使系数的冲击响应能满足给定的性能。

图 4.11 所示为自适应滤波器的一般形式。

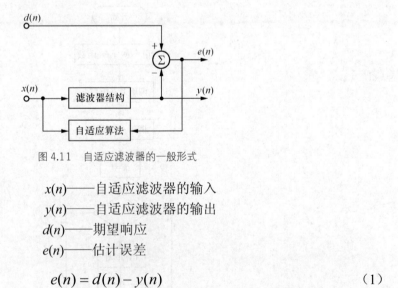

图 4.11　自适应滤波器的一般形式

$x(n)$——自适应滤波器的输入
$y(n)$——自适应滤波器的输出
$d(n)$——期望响应
$e(n)$——估计误差

$$e(n) = d(n) - y(n) \tag{1}$$

四、自适应滤波器的结构及算法

总地讲来，自适应滤波器有两个独立的部分：一个按理想模式设计的滤波器；一套自适应算法，用来调节滤波器全系数使滤波器性能达到要求。由于自适应滤波器在未知或时变系统中的明显优势，它在从电信到控制的众多领域得到广泛应用。自适应滤波器的结构可以采用 FIR 或 IIR 结构，由于 IIR 滤波器存在稳定性问题，因此一般采用 FIR 滤波器作为自适应滤波器的结构。自适应 FIR 滤波器结构又可以分为 3 种结构类型：横向型结构（Transversal Structure）、对称横向型结构（Symmetric Transversal Structure）、格型结构（Lattice Structure）。本实验所采用的是自适应滤波器设计中最常用的 FIR 横向型结构。

图 4.12 所示为横向滤波器的结构示意图。

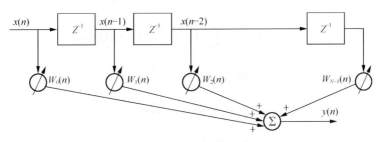

图 4.12　横向滤波器的结构示意图

其中，$x(n)$——自适应滤波器的输入；

$w(n)$——自适应滤波器的冲激响应：$w(n)=\{w_0(n)，w_1(n)，\cdots，w_{N-1}(n)\}$；

$y(n)$——自适应滤波器的输出：$y(n)=x(n)*w(n)$。

$$y(n) = W^T(n)X(n) = \sum_{i=0}^{N-1} w_i(n)x(n-i) \tag{2}$$

最常用的自适应算法是最小均方误差算法，即 LMS 算法（Least Mean Square）。LMS 算法是一种易于实现、性能稳健、应用广泛的算法。所有的滤波器系数调整算法都是设法使 $y(n)$ 接近 $d(n)$，所不同的只是对于这种接近的评价标准不同。LMS 算法的目标是通过调整系数，使输出误差序列 $e(n) = d(n) - y(n)$ 的均方值最小化，并且根据这个判据来修改权系数，该算法因此而得名。误差序列的均方值又叫"均方误差"（MSE，Mean Square Error），即

$$\varepsilon = MSE = E\left[e^2(n)\right] = E\left[\left(d(n) - y(n)\right)^2\right] \tag{3}$$

代入 $y(n)$ 的表达式（1）有

$$\varepsilon = MSE = E\left[d^2(n)\right] + W^T(n)RW(n) - 2W^T(n)P \tag{4}$$

其中，$R = E\left[X(n)X^T(n)\right]$ 为 $N \times N$ 自相关矩阵，它是输入信号采样值间的相关性矩阵。$P = E\left[d(n)X(n)\right]$ 为 $N \times 1$ 互相关矢量，代表理想信号 $d(n)$ 与输入矢量的相关性。

在均方误差达到最小时，得到最佳权系数 $W^* = \left[w_0^*, w_1^*, \ldots, w_{N-1}^*\right]^T$。它应满足下列方程

$$\left.\frac{\partial \varepsilon}{\partial W(n)}\right|_{W(n)=W^*} = 0 \tag{5}$$

即

$$RW^* - P = 0$$

这是一个线性方程组，如果 R 矩阵为满秩，R^{-1} 存在，可得到权系数的最佳值满足

$$W^* = R^{-1}P \tag{6}$$
$$W(n+1) = W(n) - u\nabla(n)$$

大多数场合使用迭代算法，对每次采样值就求出较佳权系数，称为采样值对采样值迭代算法。迭代算法可以避免复杂的 R^{-1} 和 P 的运算，又能实现求得式（6）的近似解。LMS 算法可以是以最快下降法为原则的迭代算法，即 $W(n+1)$ 矢量是 $W(n)$ 矢量按均方误差性能平面的负斜率大小调节相应一个增量。这个 u 是由系统稳定性和迭代运算收敛速度决定的自适应步长。$\nabla(n)$ 为 n 次迭代的梯度。对于 LMS 算法 $\nabla(n)$ 为（3）式的斜率。

$$\nabla(n) = \frac{\partial E\left[e^2(n)\right]}{\partial W(n)} = -2E\left[e(n)X(n)\right]$$

用瞬间 $-2e(n)X(n)$ 来代替上面对 $-2E\{e(n)X(n)\}$ 的估计运算，由此得到

$$w(n+1) = W(n) + 2ue(n)X(n) \tag{7}$$

由式（1）、（2）、（7）构成了 DSP 实现的 LMS 算法。LMS 算法的两个优点是：实现起来简单，不依赖模型（model-independent），因此具有稳健的性能。LMS 算法的主要缺陷是收敛速率相对较低。

五、实验步骤与内容

① 复习有关自适应滤波器和 LMS 算法的知识。

② 阅读本实验所提供的样例子程序客户软件\test16。

③ 将计算机与 ZY13DSP12BC2 实验箱通过并口 P1 相连。

④ 运行 CCS 软件，装入例程客户软件\DSP 程序\test16 并运行。

⑤ 打开变量窗口"Watch Window"（单击 图标），在此窗口右键单击"Insert New Expression"，在弹出的窗口"Watch Add Expression"中输入所要观察的变量。输入"y"，可得到 y 的地址；输入"e"，可得到 e 的地址。

⑥ 单击"View\Graph\Time \Freqency"，进入图形观察窗口，在"Graph Property Dialog"窗口需要修改的内容如表 4.10 所示。

表 4.10 需要修改的内容

Display Type	Single Time
Start Address	y 的地址
Acquistion Buffer Size	500
Display Data Size	500
Dsp Data Type	32-bit floating point

⑦ 把观察的数值和图形与指导书所给的数值与图形进行比较。

⑧ 重复第⑥步和第⑦步，把"y 的地址"改为 e 的地址。

⑨ 填写实验报告。

本实验观察的波形如图 4.13 所示。

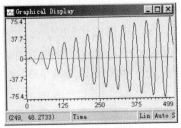

(a) 输出信号 y 的波形

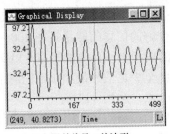

(b) 误差信号 e 的波形

图 4.13　波形图

样例说明：输入信号 x 为一正弦信号，期望信号 d 为输入信号左移得到的正弦信号。

六、实验报告要求

① 简述实验原理及目的。
② 自己设计一串数据应用样例子程序，进行滤波。
③ 总结设计自适应滤波器的主要步骤。
④ 描绘出输入、输出数组的曲线。

七、自适应滤波器 LMS 子程序

子程序参数说明如下。

N：迭代次数。

order：阶数。

step：步长。

$x[i]$：输入信号。

$d[i]$：期望信号。

$e[i]$：误差信号。

$y[i]$：输出信号。

子程序流程图如图 4.14 所示。

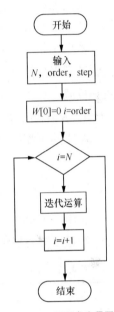

图 4.14　子程序流程图

实验十七　语音编码/解码（G711 编码/解码器）

一、实验目的

① 了解语音处理的一般过程。
② 对通用的 G711 编码/解码，能理解其实现方式。

二、实验设备

计算机、DSP 实验箱。

三、实验原理

1. 基础理论

在电话通信线路上，研究语音过程是很重要的。声音的 3 个要素是：音调、音强、音色。

人耳对 25～22 000 Hz 的声音有反应。人们在谈话中大部分有用信息在 3 kHz，但是，大部分有用的和可理解的信息的能量是在 200～3 500 Hz。因此，电信的传输线路上使用了带通滤波器，所提供的典型电话信道能运载 3 kHz 带宽（即 300～3 300 Hz）。根据 Nyquist 准则，A/D 转换采样速率至少是信号最大频率的两倍，因此最小采样频率应该是 6 600 Hz。实际上采用的频率略高一点，达到 8 kHz。

对采样后的音频信号采用非均匀量化的方法进行量化，然后进行 PCM 编码传输。目前我国采用容易实现的 A 律 13 折线压扩特性。

2. PCM 的编码规律

PCM 即脉冲编码调制，就是将模拟信号的抽样量化值变换成代码。模拟信号经抽样、量化、编码后变成数字信号。

下面介绍逐次比较型编码的原理：根据输入的样值脉冲编出相应的 8 位二进制代码，除第一位极性码外，其他 7 位二进代码是通过逐次比较确定的。预先规定好一些作为标准的电流（或电压），称为权值电流（或电压），用符号 I_w 表示。I_w 的个数与编码位数有关。当样值脉冲到来后，用逐步逼近的方法有规律地用各标准电流 I_w 去和样值脉冲比较，每比较一次出一位码，直到 I_w 和抽样值逼近为止。

3. A 律的定义

A 律的压缩特性方程为：

$$F(x) = \begin{cases} \text{sgn}(x)A|x|/(1+\text{In}A) & 0 \le |x| < 1/A \\ \text{sgn}(x)(1+\text{In}A|x|)/(1+\text{In}A) & 1/A \le |x| \le 1 \end{cases}$$

式中，$A = 87.6$。

经过压缩特性的采样信号，按 8 位二进制进行编码，编码表如表 4.11 所示。

表 4.11　　　　　　　　　　　　　　　　编码表

输入 PCM 线性码												压缩 8 位 A 律码						
bit: 11	10	9	8	7	6	5	4	3	2	1	0	bit: 6	5	4	3	2	1	0
0	0	0	0	0	0	0	a	b	c	d	×	0	0	0	a	b	c	d
0	0	0	0	0	0	1	a	b	c	d	×	0	0	1	a	b	c	d
0	0	0	0	0	1	a	b	c	d	×	×	0	1	0	a	b	c	d
0	0	0	0	1	a	b	c	d	×	×	×	0	1	1	a	b	c	d
0	0	0	1	a	b	c	d	×	×	×	×	1	0	0	a	b	c	d
0	0	1	a	b	c	d	×	×	×	×	×	1	0	1	a	b	c	d
0	1	a	b	c	d	×	×	×	×	×	×	1	1	0	a	b	c	d
1	a	b	c	d	×	×	×	×	×	×	×	1	1	1	a	b	c	d

8 位编码由 3 部分组成：极性码（0：负极性信号；1：正极性信号）、段落码（表示信号处于那段折线上）、电平码（表示段内 16 级均匀量化电平值）。

A 律的扩张特性方程为：

$$F^{-1}(y) = \begin{cases} \text{sgn}(y)|y|[1+\text{In}(A)]/A & 0 \le |y| \le 1/(1+\text{In}(A)) \\ \text{sgn}(y)e^{(|y|[1+\text{In}(A)]-1)}/[A+A\text{In}(A)] & 1/(1+\text{In}(A)) \le |y| \le 1 \end{cases}$$

A 律的扩张码表如表 4.12 所示。

表 4.12 A 律的扩张码

非线形压缩码							PCM 线性码（扩张码）											
bit: 6	5	4	3	2	1	0	bit: 11	10	9	8	7	6	5	4	3	2	1	0
0	0	0	a	b	c	d	0	0	0	0	0	0	0	a	b	c	d	1
0	0	1	a	b	c	d	0	0	0	0	0	0	1	a	b	c	d	1
0	1	0	a	b	c	d	0	0	0	0	0	1	a	b	c	d	1	0
0	1	1	a	b	c	d	0	0	0	0	1	a	b	c	d	1	0	0
1	0	0	a	b	c	d	0	0	0	1	a	b	c	d	1	0	0	0
1	0	1	a	b	c	d	0	0	1	a	b	c	d	1	0	0	0	0
1	1	0	a	b	c	d	0	1	a	b	c	d	1	0	0	0	0	0
1	1	1	a	b	c	d	1	a	b	c	d	1	0	0	0	0	0	0

四、实验步骤与内容

① 熟悉基本原理。

② 阅读本实验所提供的样例子程序客户软件\test17。

③ 将计算机与 ZY13DSP12BC2 实验箱通过并口 P1 相连。

④ 运行 CCS 软件，装入例程客户软件\DSP 程序\test17 并运行。

⑤ 打开变量窗口"Watch Window"（单击图标），在此窗口右键单击"Insert New Expression"，在弹出的窗口"Watch Add Expression"中输入所要观察的变量。输入变量"hcoding"，可得到 hcoding 的值，此值即是编码得到的 8 位 A 律码，当输入的 16 位线性码为 0x8118 时，该值为 17。输入变量"hdecoding"，可得到 hdecoding 的值，此值是解码得到的 16 位线性 PCM 码，如果没有转换误差，此值应当与输入的编码相同。

⑥ 通过观察 hcoding 和 hdecoding 来了解 PCM 码的编码、解码过程。

⑦ 填写实验报告。

五、实验报告要求

① 简述实验原理。

② 画出所给程序的流程图。

六、子程序

子程序参数说明如下。

pcm_val：输入的 16 位 PCM 线性码。

hcoding：编码得到的 8 位 A 律码。

hdecoding：解码得到的 16 位 PCM 码。

search 函数：求段落码。

子程序流程图如图 4.15 所示。

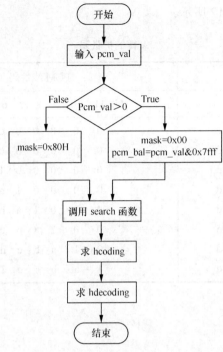

图 4.15 子程序流程图

七、思考题

① 把经过 A 律压缩编码的 8 位码记为 c1c2c3c4c5c6c7c8。本实验变量 pcm_val 的数据类型为 int 型，值为 0x8118，此数据转换为十进制数据值为-280，所以在流程图中标志符号的最高位为 0（即 $c1=0$），然后判断 280 在 static short seg_end[8] = {0xFF, 0x1FF, 0x3FF, 0x7FF, 0xFFF, 0x1FFF, 0x3FFF, 0x7FFF}中的处于哪一段，容易看出 seg_end[0]<280<seg_end[1]，所以 c2c3c4=001，该量化级之间的间隔为 256/16=16 个量化单位，由于(256+1*16)<280<(256+2*16)，所以 c5c6c7c8=0001，所以 8 位 A 律编码数据为 c1c2c3c4c5c6c7c8（00010001），十进制表示为 17。试计算此非线性编码的误差。

② 为什么 0x8118、0x8119、0x811A、0x811B、0x811C、0x811D、0x811E、0x811F 这些数据中 0x8118 非线性 A 律编码后的量化误差最小？

实验十八　软件无线电技术实验

一、实验目的

① 了解软件无线电的原理。

② 掌握软件无线电中的 DSP 中的软件实现方法。

二、实验设备

计算机、DSP 实验箱。

三、实验原理

随着数字技术和微电子技术的迅速发展，数字信号处理器（DSP）和通用可编程器件的运算能力成倍提高，而价格却显著下降，现代无线电系统越来越多的功能可以由软件实现，因此产生了软件无线电。软件无线电的核心思想是将宽带模/数（A/D）及数/模（D/A）变换器尽可能靠近射频天线，并尽可能多地利用软件在同一硬件平台上来实现及兼容不同的无线电系统并完成它们的各种功能，从而达到软件无线电系统的多波段、多模式、多功能的通信。

软件无线电是基于同一硬件平台上，安装不同的软件来灵活实现多通信功能多频段的无线电台，它可以进一步扩展至有限领域。其主要特点如下。

① 系统功能软件化：软件无线电将 A/D 变换尽量向射频端靠拢，将中频以下全部进行数字化处理，以使通信功能由软件来控制，系统的更新换代变成软件版本的升级，开发周期与费用大为降低。

② 系统结构实现模块化：采用模块化设计，模块的物理和电气接口技术指标符合开放标准。同类模块通用性好，通过更换或升级某模块就可以实现新的通信功能。

③ 利于互换：不同的通信系统都基于相同标准的硬件平台，只要加载相应的软件就可以完成不同的电台与不同的系统之间的互联。

④ 系统控制方便：由于软件无线电至少在中频以后进行数字化处理，通过软件就可以很

方便地完成宽带天线监控、系统频带调整、信道监测与自适应选择、信号波形在线编程、调制解调方式控制及信源编码与加密处理。

微型软件无线电应用系统如图 5.1 所示。

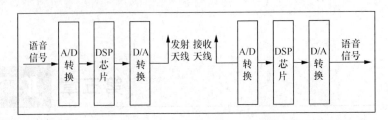

图 5.1 微型软件无线电应用系统

在 DSP 芯片内完成系统的数字调制、数字解调、数字变频、基带处理、比特流处理及编解码等数字信号处理功能。

本实验主要体现 DSP 中的软件部分，用软件实现发射部分和接收两个部分，发射部分实现调制，上变频，带通滤波；接收部分实现下变频，解调，低通滤波。

四、实验步骤与内容

① 熟悉软件无线电的原理以及 DSP 在其中的功能及原理。

② 阅读本实验所提供的样例子程序客户软件\test18。

③ 将计算机与 ZY13DSP12BC2 实验箱通过并口 P1 相连。

④ 运行 CCS 软件，装入光盘内例程客户软件\DSP 程序\test18\send 并运行。

⑤ 打开变量窗口"Watch Window"（单击🔲图标），在此窗口右键单击"Insert New Expression"，在弹出的窗口"Watch Add Expression"中输入所要观察的变量。输入 m，得到"m"的地址；输入"out"，得到 out 的地址。

⑥ 单击"View\Graph\Time \Freqency"，进入图形观察窗口，在"Graph Property Dialog"窗口需要修改的内容如表 5.1 所示。

表 5.1   需要修改的内容

Display Type	Single Time
Start Address	m 的地址
Acquistion Buffer Size	200
Display Data Size	200
Dsp Data Type	32-bit floating point

⑦ 把"m 的地址"改为 out 的地址，重复步骤⑥。

⑧ 运行 CCS 软件，装入例程客户软件\DSP 程序\test18\receive 并运行。

⑨ 重复以上的⑤、⑥、⑦步骤，采样缓冲区与数据缓冲区大小均改为 400。

发射部分图形如图 5.2 所示。

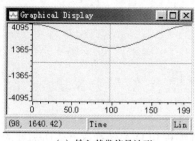

(a) 输入基带信号波形

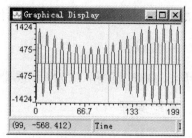

(b) 发射输出调制信号波形

图 5.2 发射部分图形

接收部分图形如图 5.3 所示。

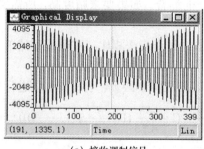

(a) 接收调制信号

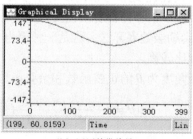

(b) 还原基带信号

图 5.3 接收部分图形

五、实验报告要求

① 简述实验原理。
② 画出发射和接收过程的流程图。
③ 画出每一过程中的波形。

六、程序参数说明

1. 发射部分
m[]：输入基带信号。
out[]：发射输出调制信号。
2. 接收部分
m[]：输入调制信号。
out[]：输出基带信号。

实验十九   任意波形发生器实验

一、实验目的

① 了解数字波形产生的原理。
② 学习用 DSP 产生各种波形的基本方法和步骤，提高用 C 语言进行 DSP 编程的能力。

③ 掌握 DSP 与 D/A 转换器接口的使用。

二、实验设备

计算机、DSP 实验箱、20 M 示波器、连接线若干。

三、实验原理

数字波形信号发生器是利用 DSP 芯片，通过软件编程和 D/A 转换来产生所需要的信号波形的一种方法。在通信、仪器和控制等领域的信号处理系统中，经常会用到各种数字波形发生器。

譬如，一般产生正弦波的方法有两种。

① 查表法：此种方法用于对精度要求不是很高的场合。如果要求精度高，所需要的表格就很大，相应的存储器容量也要很大。

② 泰勒级数展开法：这是一种更为有效的方法。与查表法相比，需要的存储单元很少，而且精度比较高。

一个角度为 θ 的正弦函数和余弦函数，都可以展开成泰勒级数，取其前 5 项进行近似得：

$$\sin\theta = x - \frac{x^3}{3!} + \frac{x^5}{5!} - \frac{x^7}{7!} + \frac{x^9}{9!} = x(1 - \frac{x^2}{2*3}(1 - \frac{x^2}{4*5}(1 - \frac{x^2}{6*7}(1 - \frac{x^2}{8*9}))))$$

$$\cos\theta = 1 - \frac{x^2}{2!} + \frac{x^4}{4!} - \frac{x^6}{6!} + \frac{x^8}{8!} = 1 - \frac{x^2}{2}(1 - \frac{x^2}{3*4}(1 - \frac{x^2}{5*6}(1 - \frac{x^2}{7*8})))$$

其中，x 为 θ 的弧度值。

也可以用递推公式求正弦和余弦值：

$$\sin n\theta = 2\cos\theta \cdot \sin(n-1)\theta - \sin(n-2)\theta$$

$$\cos n\theta = 2\cos\theta \cdot \cos(n-1)\theta - \cos(n-2)\theta$$

利用递推公式计算正弦和余弦值需已知 $\cos\theta$ 和正弦、余弦的前两个值。用这种方法，求少数点可以，如产生连续正弦波、余弦波，则累积误差太大，不可取。

通过 3 个拨码开关对 DSP 进行输入，输入的 0～7 对应 8 种不同的波形，DSP 根据输入的数据进行不同的波形处理，把处理后的数字数据发送到 D/A 转换器，经 D/A 转换器转换后输出模拟量，用示波器进行测量，观察，如图 5.4 所示。

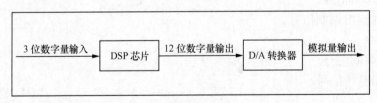

图 5.4 输出模拟量

四、实验内容

通过测试数据线上的高 3 位数据的不同组合来选择输出的波形。

这 3 位数据的不同组合通过 TMS320VC5402 插板上的 JP1、JP2、JP3 的跳线来选择，如表 5.2 所示。跳线接下面两个引脚表示接 "1"，接上面两个引脚表示接 "0"。

表 5.2   3 位数据的不同组合以及波形

JP3	JP2	JP1	波形
0	0	0	正弦波
0	0	1	余弦波
0	1	0	三角波
0	1	1	方波
1	0	0	正向锯齿波
1	0	1	负向锯齿波

五、实验步骤

① 先关闭软件，再关闭电源按钮 S1、S2，硬件连接如表 5.3 所示。

表 5.3   硬件连接

计算机并口	DSP 控制板 P1
PC10	PC15
PC11	PC16
AD7	TP17
TP32	GND
PC13	DJ0
PC14	DJ1
M58	S12

② 打开 CCS，并运行 GEL－C54x－C5402_Init 将 DSP 的内部存储器复位，把程序指针指向 FF80，如果一次复位没有成功就重复运行该 5402gel 程序，直到程序指针复位到 FF80，紧接着 FF80 后面****指令代码必须为 0000。

③ 新建一个文件夹，取名为 TEST19，把 REG5402.h 复制到该文件夹下面。新建一个项目，取名为 test19，加入光盘内源文件 test19.c 和 vector.c，再加入 test19.cmd 文件，编译连接，然后下载可执行文件 test19.out。

④ 通过插板上的 JP1、JP2、JP3 来选择不同的波形。

⑤ 打开变量窗口"Watch Window"（单击 📷 图标），在此窗口右键单击"Insert New Expression"，在弹出的窗口"Watch Add Expression"中输入所要观察的变量。输入"x"，得到 x 的地址。

⑥ 单击"View\Graph\Time \Freqency"，进入图形观察窗口，在"Graph Property Dialog"窗口需要修改的内容如表 5.4 所示。

表 5.4   需要修改的内容

Display Type	Single Time
Start Address	x 的地址
Acquistion Buffer Size	1000
Display Data Size	1000
Dsp Data Type	32-bit signed integer

⑦ 用示波器观察 DA0 的输出波形，如图 5.5 所示。

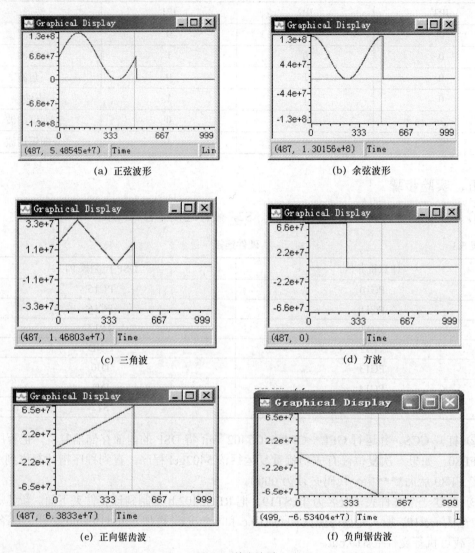

(a) 正弦波形

(b) 余弦波形

(c) 三角波

(d) 方波

(e) 正向锯齿波

(f) 负向锯齿波

图 5.5　输出波形

⑧ 把用 CCS 观察的波形与用示波器观察的波形相比较。

⑨ 用跳线修改 JP1、JP2、JP3 的值，重复步骤⑥、⑦、⑧。

⑩ 用示波器观察 DA0 的输出波形。（思考：用示波器观看到的正弦波形与余弦波形一样，为什么？）

实验二十　语音录放实验

一、实验目的

① 熟悉 ADC/DAC 的性能及 TLC320AD50C 的接口和使用。

② 熟悉 MCBSP 多通道缓冲串口通信的应用。

③ 了解掌握语音的编解码和压缩码算法。

④ 了解掌握一个完整的语音输入、输出系统的设计。

⑤ 了解语音信号的放大、滤波处理。

二、实验设备

计算机、DSP 实验箱。

三、实验原理

1. TLC320AD50C 介绍

TLC320AD50C 是 TI 生产的一种模拟接口电路（AIC）。它是一个音频段的处理器，使用过采样的 Sigma-Delta 技术提供从数字至模拟（D/A）和模拟至数字（A/D）的高分辨率低速信号转换。该芯片包括两个串行同步转换通道（用于各自的数据方向），在 DAC 之前有一个插入滤波器和 ADC 之前有一个抽取滤波器。内部电路的配置以及性能参数的设置都是通过设置 4 个控制寄存器，控制寄存器的设置可通过串行接口的编程。

芯片的引脚图如图 5.6 所示。

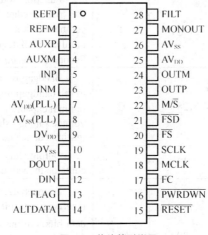

图 5.6 芯片的引脚图

AD50 芯片是带同步缓冲串口的 16 位 A/D&D/A 处理器，各引脚功能如表 5.5 所示。

表 5.5　　　　　　　　　　　　　　各引脚功能

TERMINAL			I/O	DESCRIPTION
NAME	NO.			
	PT	DW		
ALTDATA	17	14	I	Alternate data. AltDATA signals are routed to DUT during secondary communication if ALTDATA is enabled using Control 2 register
AUXM	48	4	I	Inverting input to auxiliary analog input. AUXM requires an external RC antialias filiter

TERMINAL			I/O	DESCRIPTION
NAME	NO.			
	PT	DW		
AUXP	47	3	I	Noninverting input to auxiliary analog input. AUXP requires an external RC artialias filter
AU$_{DD}$	37	25	I	Analog ADC path supply （5 Vonly）
AV$_{DD}$（PLL）	5	7	I	Analog path supply for the internal PLL（5V only）
AV$_{SS}$	39	26	I	Analog ground
AV$_{SS}$（PLL）	7	8	I	Analog ground for the internal PLL
DIN	15	12	I	Datainput. DIN receives the DAC input data and command information form the digital signal processor and is synchronized to SULK
DOUT	14	11	O	Data output. DOUT transmits the ADC output bits and is synchronized to SULK. DOUT is at high impedance when $\overline{FS}$ is not activated
DV$_{DD}$	11	9	I	Digital power supply（5Vor3V）
DV$_{SS}$	12	10	I	Digital grolind
FC	23	17	I	Function code. FC is sampled and latched on the rising edge of FS for the primary serial communication. If slave device are present，the FC terminal of all devices should the tied togerther. See Section 3，*Serial Communications* for more details
FILT	43	28	O	Bandgap filter. FILT is provided for decoupling of the bandgap reference，and provides 3.2V. The optimal capacitor value is 0.1μF（ceramic）. This voltage node should be loaded only with a igh-impedance dc load
FLAG	16	13	O	Output flag. During phone mode，FLAG contains the value set in Control 2 register
$\overline{FS}$	27	20	I/O	Frame sync. When $\overline{FS}$ goes low，DIN begins receiving data bits and DOUT begins transmitting data bits. In master mode，$\overline{FS}$ is low during the simultaneous 16-bit transmission to DIN and from DOUT. In slave mode，$\overline{FS}$ is externally generated and must be low for one SULK period minimum to initate the transfer
$\overline{FSD}$	28	21	O	Frame sync delayed output. The $\overline{FSD}$ (active-low) output synchronizes a slave device to the frame sync of the master device. $\overline{FSD}$ is applied to the slave $\overline{FS}$ input and is the same duration as the master $\overline{FS}$ signal but delayed in time by the number of shift clocks programmed in the $\overline{FSD}$ register
INM	2	6	I	Inverting input to analog modulator. INM requires an external RC antialias filter
INP	1	5	I	Noninverting input to analog modulator. INP requires an external RC antialias filter

ADC 和 DAC 数据的发送和接收使用首次串行通信，读出和写入器件的选项和电路的配置这两者的控制字使用二次通信。

2. 语音处理原理

语音信号经 MIC（麦克风）进入系统，进行放大和滤波后，经过 DSP 与 TLC320AD50C 之间的串行通信实现数据的处理和数据的交换，经过转换输出，最后通过功率放大从 SPEAKER 输出。

四、实验步骤

① 先关闭软件，再关闭电源按钮 S1、S2，硬件连接如表 5.6 所示。

表 5.6　　　　　　　　　　　　硬件连接

计算机并口	DSP 控制板 P1
CH25	S12
CH26	S11
CH29	S10，S16
CH28	S15，S17
CH27	GND
语音模块-12	电源模块-12
语音模块+12	电源模块+12

硬件连接图如图 5.7 所示。

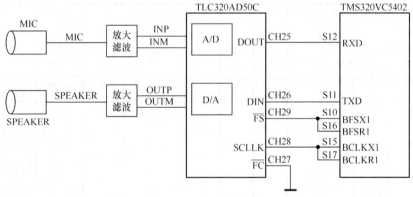

图 5.7　硬件连接

② 打开 CCS，并运行 GEL－C54x－C5402_Init 将 DSP 的内部存储器复位，把程序指针指向 FF80，如果一次复位没有成功就重复运行该 5402gel 程序，直到程序指针复位到 FF80，紧接着 FF80 后面****指令代码必须为 0000。

③ 新建一个文件夹，取名为 TEST20，把 REG5402.h 复制到该文件夹下面。新建一个项目，取名为 test20，加入光盘内源文件 test20.c 和 vector20.c，再加入 test20.cmd 文件，编译连接，然后下载可执行文件 test20.out。从 MIC 中输入语音信号，听 SPEAKER 中的输出信号，听输入输出是否一致。

五、实验报告要求

① 简述语音处理的实验原理。
② 尝试修改语音处理部分的程序，听是否语音信号输入和输出与程序一致。

实验二十一　液晶显示屏使用实验

一、实验目的

① 提高用 C 语言进行 DSP 编程的能力。

② 掌握液晶显示屏的使用。

二、实验设备

计算机、DSP 实验箱。

三、实验原理

1. 液晶显示屏介绍

该液晶显示屏为字符型的点阵式液晶显示屏，最多可显示 4×20 个字符，共有 4 行，每行 20 个字符。该屏共有 16 个功能脚。

液晶的控制命令，显示缓冲区地址映射表，字符库，指令初始化分别如表 5.7、表 5.8、表 5.9、表 5.10 所示。

表 5.7　　　　　　控制和显示命令（Control and Display Command）

Command	RS	R/W	DB_7	DB_6	DB_5	DB_4	DB_3	DB_2	DB_1	DB_0	Execution Time （f_{osc}=250 kHz）	Remark
DISPLAY CLEAR	L	L	L	L	L	L	L	L	L	H	1.64 ms	
RETURN HOME	L	L	L	L	L	L	L	L	H	X	1.64 ms	Cursor move to first digit
ENTRY MODE SET	L	L	L	L	L	L	L	H	I/D	SH	42 μs	• I/D : Set cursor move direction I/D ┃ H ┃ Increase • SH : Specifies shift of display SH ┃ H ┃ Display is shifted ┃ L ┃ Display is not
DISPLAY ON/OFF	L	L	L	L	L	L	H	D	C	B	42 μs	• Display D ┃ H ┃ Display on • Cursor C ┃ H ┃ Cursor on • Blinking B ┃ H ┃ Blinking on

续表

Command	RS	R/W	DB7	DB6	DB5	DB4	DB3	DB2	DB1	DB0	Execution Time (f_{osc}=250 kHz)	Remark		
SHIFT	L	L	L	L	L	H	S/C	R/L	X	X	42 μs	S/C	H	Display shift
												R/L	H	Right shift
SET FUNCTION	L	L	L	L	H	DL	N	F	X	X	42 μs	DL	H	8 bits interface
												N	H	2line display
												F	H	5X10dots
SET CG RAM ADDRESS	L	L	L	H	CG RAM address (corresponds to cursor address)						42 μs	CG RAM Data is sent and received after this setting		
SET DD RAM ADDRESS	L	L	H	DD RAM address							42 μs	DD RAM Data is sent and received after this setting		
READ BUSY FLAG & ADDRESS	L	H	BF	Address Counter used for both DD & CG RAM address							0 μs	BF	H	Busy
												– Reads BF indication internal operating is being performed – Reads address counter contents		
WRITE DATA	H	L	Write Data								46 μs	Write data into DD or CG RAM		
READ DATA	H	H	Read Data								46 μs	Read data from DD or CG RAM		

表 5.8 显示数据存储器中地址映射（Display Data Ram Address Map）

Characters	1	2	3	4	5	6	7	8	9	10	11	12	13	14	15	16	17	18	19	20
First line (H)	00	01	02	03	04	05	06	07	08	09	0A	0B	0C	0D	0E	0F	10	11	12	13
Second line (H)	40	41	42	43	44	45	46	47	48	49	4A	4B	4C	4D	4E	4F	50	51	52	53
Third line (H)	14	15	16	17	18	19	1A	1B	1C	1D	1E	1F	20	21	22	23	24	25	26	27
Fourth line (H)	54	55	56	57	58	59	5A	5B	5C	5D	5E	5F	60	61	62	63	64	65	66	67

表 5.9 标准字符模式（Standard Character Pattern）

upper 4 bit / lower 4 bit	0000	0010	0011	0100	0101	0110	0111	1000	1001	1010	1011	1100	1101	1110	1111
0000	CG RAM (1)														
0001	(2)														
0010	(3)														
0011	(4)														
0100	(5)														
0101	(6)														
0110	(7)														
0111	(8)														
1000	(1)														
1001	(2)														
1010	(3)														
1011	(4)														
1100	(5)														
1101	(6)														
1110	(7)														
1111	(8)														

表 5.10 初始化指令（Initializing by Instruction）

Power On	
|	
Wait for more than 15 ms after VDD rises to 4.5 V	

续表

Power On	
↓	
RS R/W DB7 DB6 DB5 DB4 DB3 DB2 DB1 DB0 0 0 0 0 1 1 * * * *	BF cannot be checked before this instruction Function Set
↓	
Wait for more than 4.1 ms	
↓	
RS R/W DB7 DB6 DB5 DB4 DB3 DB2 DB1 DB0 0 0 0 0 1 1 * * * *	BF cannot be checked before this instruction Function Set
↓	
Wait for more than 100 μs	
↓	
RS R/W DB7 DB6 DB5 DB4 DB3 DB2 DB1 DB0 0 0 0 0 1 1 * * * *	BF cannot be checked before this instruction Function Set
↓	
↓	BF can be checked after following instruction When BF is not checked, the waiting time between instructions is longer than execution instruction time
↓	
RS R/W DB7 DB6 DB5 DB4 DB3 DB2 DB1 DB0 0 0 0 0 1 1 N F * *	Function Set (Specify the number of display lines and character font.) The number of display lines and character font cannot be changed afterwards
0 0 0 0 0 0 1 0 0 0	Display Off
0 0 0 0 0 0 0 0 0 1	Display Clear
0 0 0 0 0 0 0 1 I/D S	Entry Mode Set
↓	
Initialization ends	

2. 原理

利用 DSP 的 I/O 口信号来控制液晶显示屏的控制信号，以达到对液晶显示屏的读写控制，寄存器选择控制等，完成显示的功能。

四、实验步骤

① 先关闭软件，再关闭电源按钮 S1、S2 ，硬件连接如表 5.11 所示。

表 5.11　　　　　　　　　　　硬件连接

计算机并口	DSP 控制板 P1
PC26	DJ0
PC27	DJ1

硬件连接图如图 5.8 所示。

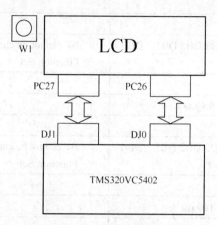

图 5.8　硬件连接图

② 打开 CCS，并运行 GEL－C54x－C5402_Init 将 DSP 的内部存储器复位，把程序指针指向 FF80，如果一次复位没有成功就重复运行该 5402gel 程序，直到程序指针复位到 FF80，紧接着 FF80 后面****指令代码必须为 0000。

③ 新建一个文件夹，取名为 TEST21，把 REG5402.h 复制到该文件夹下面。新建一个项目，取名为 test21，加入光盘内源文件 test21.c 和 vector.c，再加入 test21.cmd 文件，编译连接，然后下载可执行文件 test21.out。

④ 调节 LCD 的输入电压控制电位器 W1，观察液晶显示屏上的输出效果。

⑤ 修改程序中的字符的 ASCII 码，观察输出的变化。

⑥ 完成实验后，调节 W1，关 LCD。

五、实验报告要求

① 简述液晶显示的实验原理。

② 记录液晶显示屏上输出的字符。

实验二十二　BOOTLOAD 实验

一、实验目的

① 了解 EEPROM 与 DSP 的连接。

② 熟悉 DSP 脱机独立运行的方式及 BOOTLOAD 的方法。

二、实验设备

计算机、DSP 实验箱、5402 插板、Bootloader 模块（选配板上的 EEPROM 芯片中已经烧录了实验程序，可直接使用，如果需要烧录程序，还需自备烧录器）。

三、实验原理

DSP 上电后，从外部读入程序的过程称为 BOOTLOAD 过程。TMS320C54xxDSP 芯片片内设置有 BOOTLOADER 程序，其主要作用是在系统上电复位后，将用户程序从外部存储器装载到 DSP 内部随机存取存储器中，然后运行。

用 CCS 编程后，生成并固化.hex 文件的流程如下。

① 用 CCS 编译后生成 xxx.out 文件。注意编译前在 Project\option－－Build options 的 Compiler 中加入开关量-v548。

② 查看 xxx.map 文件中 _c_int00 的地址。

③ 将随机光盘中提供的 boot.cmd 文件中-e xxxxH 的 xxxxH 改为 _c_int00 的地址。将.out、.hex 文件改为 xxx.out、xxx.hex。

④ 执行随机光盘中的 hex500.exe-boot.cmd，产生 xxx.hex 文件。

⑤ 将随机光盘中的 boot.hex 文件中的内容（一行）复制到 xxx.hex 文件的倒数第二行（执行该行.hex 程序，将在 7FFE、7FFF 单元中存入 8000H）。

⑥ 用烧录器烧录最后生成的 xxx.hex 文件到 EEPROM 中即完成了固化程序的过程。

四、实验步骤和内容

① 按照表 5.12 所示连线。

表 5.12 连线

5402 插板上的 DJ0	Bootloader 模块的 J1
5402 插板上的 DJ3	Bootloader 模块的 J2
5402 插板上的 DJ4	Bootloader 模块的 J3
5402 插板上的 M5	Bootloader 模块的 MSTRB
5402 插板上的 M4	Bootloader 模块的 R/W
5402 插板上的 M2	Bootloader 模块的 DS
主板上的 ROMOE	Bootloader 模块的 OE
主板上的 ROMCE	Bootloader 模块的 CE
主板上的 ROMWE	Bootloader 模块的 WE
主板上的 3.3 V	Bootloader 模块的 3.3 V
主板上的 GND	Bootloader 模块的 GND

② 上电，观察插板上红色指示灯的闪烁（EEPROM 29LE010 中烧录的是由 test22.mak 编译产生的后处理得到的 test22.hex）。

五、实验报告要求

① EEPROM 如何与 DSP 连接？

② 8 位并行的 EPROM BOOTLOAD 如何实现，xxx.hex 文件如何生成？

③ 简述其他的 BOOTLOAD 方式。

实验二十三 继电器实验

一、实验目的

① 了解继电器的工作原理。
② 熟悉 DSP 控制继电器的方法。

二、实验设备

计算机、DSP 实验箱、5402 插板、交通灯与继电器模块。

三、实验原理

现代自动化控制设备中都存在一个电子与电气电路的互相连接问题，一方面要使电子电路的控制信号能够控制电气电路的执行元件（电动机、电磁铁、电灯等）；一方面又要为电子电路的电气提供良好的电隔离，以保护电子电路和人身的安全，电子继电器便能完成这一桥梁作用。继电器电路中一般都要在继电器的线圈两头加一个二极管以吸收继电器线圈断电时产生的反电势，防止干扰。

继电器控制端为高电平时，继电器工作常开触点吸合；控制端为低电平时，继电器常闭触点吸合。

四、实验步骤和内容

① 连接交通灯与继电器模块的 INPUT 到插板上的 B12；交通灯与继电器模块的 GND、+5 V 分别到主板上的 GND、+5 V。
② 将计算机与 ZY13DSP12BC2 实验箱通过并口 P1 相连。
③ 运行 CCS 软件，调入样例程序\test23，观察红绿等的闪亮状况，通过调节延迟时间改变继电器的吸合间隔，即红绿灯交替闪亮的频率。

五、实验报告要求

简述继电器的工作原理及 DSP 控制继电器吸合的编程方法。

实验二十四 交通灯实验

一、实验目的

① 进一步熟悉定时器及中断的使用。
② 熟悉数据输出程序的设计方法。
③ 模拟交通灯的控制。

二、实验设备

计算机、DSP 实验箱、5402 插板、交通灯与继电器模块。

三、实验原理

关于定时器、中断、I/O 口输出的原理参看相关的实验。

对交通灯的控制流程如图 5.9 所示。

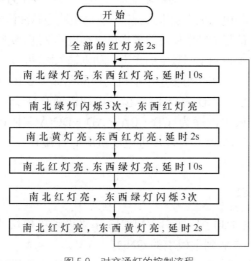

图 5.9 对交通灯的控制流程

四、实验步骤和内容

① 依次连接 CPU 插板上的 DJ0、DJ1 到主板上的 PC13、PC14，连接交通灯与继电器模块的 J1、J2 到主板上的 PC15、PC16；连接交通灯与继电器模块的 GND、+5 V 到主板上的 GND、+5 V。

② 将计算机与 ZY13DSP12BC2 实验箱通过并口 P1 相连。

③ 运行 CCS 软件，调入样例程序\test24，观察交通灯交替点亮、闪烁的状况，通过修改程序实现对交通灯的不同控制。

五、实验报告要求

简述如何通过 DSP 对交通灯进行控制的，画程序的详细流程图（含 main 函数和子函数）。

实验二十五　步进电动机实验

一、实验目的

① 了解步进电动机的工作原理。

② 熟悉 DSP 控制步进电动机转动的方法。

二、实验设备

计算机、DSP 实验箱、5402 插板、步进电动机模块。

三、实验原理

步进电动机可以对旋转角度和转动速度进行高精度的控制。作为控制执行部件，广泛应用于自动控制和精密机械领域。

图 5.10　步进电动机的引脚

步进电动机驱动原理是通过对每相线圈中的电流的顺序切换来使电动机作步进式旋转。驱动电路由脉冲信号来控制，所以调节脉冲信号的频率便可改变步进电动机的转速。实验可通过不同长度的延时来得到不同频率的步进电动机输入脉冲，从而得到多种步进速度。

实验用步进电动机的引脚图如图 5.10 所示，通电次序为 AB—BC—CD—DA 时，步进电动机逆时针旋转。对调 AC 或 BD 后，通电次序为 CB—BA—AD—DC(AC 换)或 AD—DC—CB—BA(BD 换)时，步进电动机顺时针旋转。

四、实验步骤和内容

① 连接 CPU 插板上的 DJ0 到主板上的 PC13,步进电动机模块的 J1 到主板上的 PC15；步进电动机模块的 GND、+5 V 到主板上的 GND、+5 V。

② 将计算机与 ZY13DSP12BC2 实验箱通过并口 P1 相连,打开开关 S4。

③ 运行 CCS 软件，调入样例程序\test25，观察步进电动机的旋转状况。通过改变延迟时间调节步进电动机的旋转速度，改变通电顺序调节步进电动机旋转方向。

五、实验报告要求

简述步进电动机的工作原理及 DSP 控制步进电动机旋转的编程方法。

实验二十六　直流电动机实验

一、实验目的

① 了解直流电动机的工作原理。

② 掌握 DSP 控制直流电动机转动的方法。

二、实验设备

计算机、DSP 实验箱、5402 插板、直流电动机模块。

三、实验原理

通常，直流电动机由一串脉冲控制，通过调节脉冲的电平、持续时间可以使得电动机正转、反转、加速、减速和停转。转动的原理：转动的方向由电压控制，电压为正电动机正转；电压为负电动机反转（因为实验提供的是正脉冲，所以只能正转）。转速的大小由输出脉冲的占空比决定，占空比大则转速大。

四、实验步骤和内容

① 连接直流电动机模块的 INPUT 到 CPU 插板上的 B12；直流电动机模块的 GND、+5V、-5V 分别到主板上的 GND、+5V、-5V。

② 将计算机与 ZY13DSP12BC2 实验箱通过并口 P1 相连。

③ 运行 CCS 软件，调入样例程序\test26，打开开关 S3,观察直流电动机的旋转状况。通过改变占空比调节直流电动机的旋转速度。

五、实验报告要求

简述直流电动机的工作原理及 DSP 控制直流电动机旋转的编程方法。

实验二十七　中文点阵液晶实验

一、实验目的

① 了解中文点阵液晶显示屏的工作原理。

② 掌握 DSP 对中文点阵液晶显示屏的控制方法。

二、实验设备

计算机、DSP 实验箱、中文点阵液晶模块。

三、实验原理

1. 中文点阵液晶显示屏介绍

本实验选用的是内置 2 片 SED1520 图形液晶显示控制器的无背光 12232 中文点阵液晶显示屏。该液晶显示屏有 2 片级联的 SED1520 驱动，驱动点阵数为 122×32,分两排显示。SED1520具有以下特性。

① 内置 2560 位显示 RAM 区。RAM 中的 1 位数据控制液晶屏上的一个像素的亮、暗状态："1"表示亮，"0"表示暗。

② 具有 16 行驱动输出和 61 列驱动输出。

③ 驱动占空比为 1/16 或 1/32。

12232 中文点阵液晶的基本资料参阅资料中的 hs12232-1.gif，SED1520 控制器的资料参阅资料中的 Sed1520.pdf。

2. 原理

利用 DSP 的 I/O 口信号来提供液晶显示屏的控制信号,以达到对液晶显示屏的读写控制,寄存器选择控制等，完成显示的功能。

四、实验步骤和内容

① 依次连接 CPU 插板上的 DJ0、DJ1 到主板上的 PC13、PC14,中文液晶模块的 J1、J2到主板上的 PC15、PC16；中文液晶模块的 GND、+5V 到主板上的 GND、+5V。

② 将计算机与 DSP 实验箱通过并口 P1 相连。

③ 运行 CCS 软件，调入样例程序\test27，调节 W1,观察液晶显示屏上的输出效果，显示屏上应该显示"湖北众友科技公司感谢您使用该产品"的字样，每个字为 15×16 点阵显示。

五、实验报告要求

① 简述中文点阵液晶显示的实验原理及显示点阵汉字的控制流程。

② 简述液晶显示屏上点阵和显示 RAM 的对应关系。

第六章 C2000 DSP 实验项目

实验一 CC C2000 的安装与设置

一、软件安装步骤

① 运行光盘中客户软件\ C2000\ setup，进入引导界面。

② 选择 Install 下的 Code Composer 进入安装界面。

③ 按照默认的方式安装，装在 C:\ tic2xx 下，然后重新启动计算机。

④ 按 DEL 键进入 CMOS 的设置界面 CMOS SETUP UTILITY，将 Integrated Peripherals 中的 Onboard Paralell Port 改为 378/IRQ7，Parrallel Port Mode 改为 EPP，保存退出（如果已经设置，则此步取消）。

⑤ 进入 Windows 后会出现 CC 'C2000, Setup CC 'C2000 的图标，然后运行光盘中客户软件 C2000\SetupCC2xx.exe，进入安装界面。

⑥ 按照默认的方式安装，文件装在 C:\tic2xx 下。

二、软件设置步骤

① 打开"Setup CC 'C2000"，进入设置界面，如图 6.1 所示。

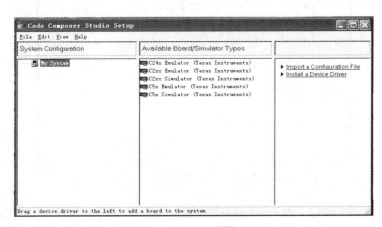

图 6.1 设置界面

② 单击"Install a Device Driver"，进入驱动文件选择界面，如图 6.2 所示。选择"C:\tic2xx\ drivers\sdgo2xx.dvr"，然后打开，出现图 6.3 所示界面，选择"OK"按钮。

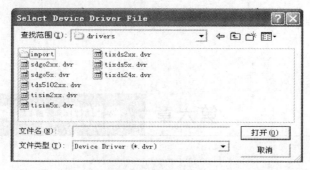

图 6.2 驱动文件选择

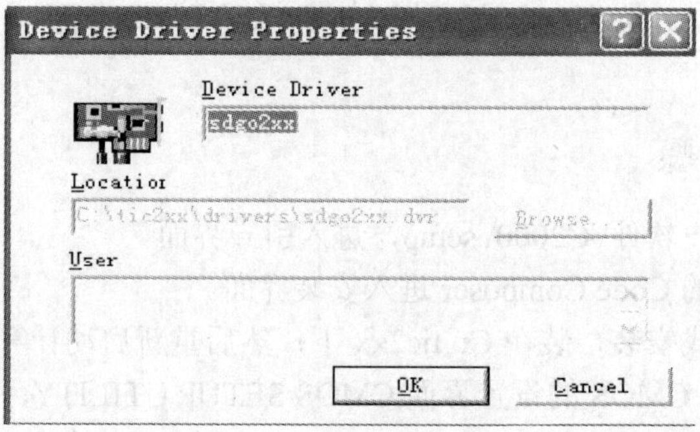

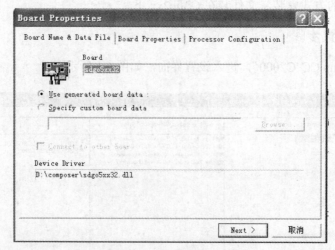

图 6.3 选择"OK"按钮

③ 再将 Available Board/Simulator Types 中的"sdgo2xx"移入"System Configuration"中，出现图 6.4 所示界面。

图 6.4 将"Sdgo2xx"移入"system Configuration"中

④ 单击"Next"按钮，将"I/O Port"中的"0x240"改为"0x378"，出现图 6.5 所示界面。

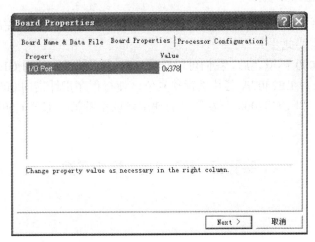

图 6.5 将 "I/O port" 中的 "0x240" 改为 "0X378"

⑤ 单击 "Next"，再单击 "Add Single"，出现图 6.6 所示界面。

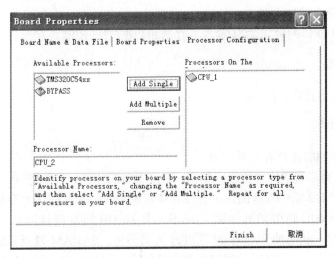

图 6.6 单击 "Add Single"

⑥ 单击 "Finish" 按钮，关掉设置窗口，保存所有的改变。

⑦ 使用光盘中\2407EVMEXP\init.gel 文件覆盖 C:\tic2xx\cc\gel（默认安装路径）\init.gel 文件。

三、软件使用步骤

① 关闭电源，把 KG 拨到右端，把 2407A 插板插在实验开发系统上，"众友" 标识在右上角，硬件连接如表 6.1 所示。

表 6.1 硬件连接表

LF2407A 中 JP1	仿真器的 JTAG 接口
T15	使用短路块接 1，2 引脚
T52	使用短路块接 2，3 引脚

② 2407EVM 板单独使用时，外 5V 电源接 J2 口，再把 KG 拨到左端（如果 2407EVM 板插在主板上则不需要此步）。

③ 进入 CC C2000 环境之后，我们可以看见 GEL 菜单非空。使用 GEL 菜单中的\LF2407 A_init\LF2407A_init 对 LF2407A 芯片进行软复位，使得程序指针指向 0000。

◆ CC C2000 和 CCS2000 开发环境的使用可以参考第一部分 C5000/2000DSP 实验箱介绍。

实验二　I/O 口基本操作实验

一、实验目的

① 掌握 TMS320LF2407A 的程序空间的分配。
② 掌握 TMS320LF2407A 的数据空间的分配。
③ 学会利用外部 RAM 调试 TMS320LF2407A 程序代码的基本方法。
④ 学会编写命令链接文件。
⑤ 学会设置 I/O 口的复用输出/输入寄存器和数据/方向控制寄存器。

二、实验设备

DSP 实验箱、仿真器、PC 机。

三、实验原理

1. TMS320LF2407A 的存储器资源

DSP 芯片设计有丰富的内部快速存储器，TMS320LF2407A（以下简称 2407A）内部有 32 K 的片内 Flash ROM。2 K×16bit 的片上 SARAM 和 544bit×16bit 的片上 DARAM。Flash ROM 分为 4 块。从地址 0000H 到 0FFFH 为第一块，从地址 1000H 到 3FFFH 为第二块，从地址 4000H 到 6FFFH 为第三块，从地址 7000H 到 7FFFH 为第四块。SARAM 既可以配置成程序空间也可以配置成数据空间，还可以同时配置成为内部程序空间和数据空间。DARAM 空间分为 3 块：B0 块、B1 块和 B2 块。其中，B0 块可以配置成程序空间或者是数据空间，B1 块和 B2 块只能分配为数据空间。

2. 利用外挂 RAM 调试程序代码

2407A 的中断向量表必须分配在程序存储区的 0000H～0040H 空间，因此，有两种基本方法可以使程序代码在编译下载后能够正常运行。一种是使 2407A 工作在 MC（微控制器）方式，通过专门的烧写软件（此软件需要另外安装，将在实验十一中介绍）把程序代码烧入到 2407A 的 Flash 空间，在 0000H～0040H 空间分配中断向量表。另外一种是使 2407A 工作在 MP（微处理器）方式，程序空间映射到外部 RAM 空间，不需要使用专门的烧写软件就可以把程序代码下载到 RAM 空间。第一种方法下载后的程序代码即使掉电后也不会丢失，缺点是下载程序需要反复擦写 Flash。因此，建议在程序代码调试定型后使用，在调试程序中使用第二种方法。

3. 程序代码下载到外部 SARAM 的实现

把程序代码烧入到外部 RAM 中方便调试。TMS320LF2407A 的 MP/MC 引脚接"1"，通过把 2407A 实验插板 T52 使用短路块短接 2 脚和 3 脚，使 CPU 必须工作在 MP 方式。

如图 6.7 所示，SARAM（IDT 71v016）是 3.3 V 供电。使用 DSP 的 PS 连接 SARAM 的片选信号，根据时序要求可以直接接 DSP 的 WE（写使能引脚）和 RD（读使能引脚）连接 SARAM 的写和读引脚，则选中此 SARAM 为程序扩展空间。同样，如果使用 DSP 的 DS 连接 SARAM 的片选信号，使用 DSP 的 WE（写使能引脚）和 RD（读使能引脚）连接 SARAM 的写和读引脚，则选中此 SARAM 为数据扩展空间。

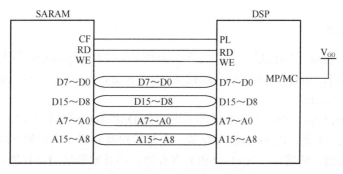

图 6.7 外挂 SARAM 的连线图

4. TMS320LF2407A 的 I/O 资源

数字 I/O 端口模块为控制专用 I/O 引脚和一些复用引脚的功能提供了一种灵活的方式。用户可通过该模块内的 9 个 16 位控制寄存器对片上所有 I/O 引脚和复用功能进行控制。这些寄存器分为两类。

① I/O 口复用控制寄存器。它用来控制选择 I/O 引脚作为基本功能或一般 I/O 引脚功能。

② 数据和方向控制寄存器。它用来控制双向 I/O 引脚上的数据和数据方向，这些寄存器直接与双向 I/O 引脚相连接。

5. 设置两个复用引脚

通过设置两个复用引脚工作在一般 I/O 功能，这两个 I/O 引脚分别是 IOPC1 和 IOPF6。IOPC1 控制 D2 发光二极管间隙闪烁，IOPF6 控制 D1 发光二极管间隙闪烁。由于 IOPF6 与 D1 发光二极管并没有直接相连，所以需要使用短路块选择 T15 的 1、2 引脚连接。

这两个 I/O 引脚的复用控制寄存器如表 6.2 所示。

表 6.2 I/O 复用引脚控制寄存器

位	位的名称	引脚功能选择	
		基本功能（MCRAn=1）	通用 I/O 端口（MCRAn=0）
6	MCRB.1	BIO	IOPC1
14	MCRC.14	保留	IOPF6

这两个 I/O 引脚方向控制寄存器如表 6.3 所示。

6. 项目管理器中添加的文件

在 CC C2000 中至少需要添加源程序文件（*.c 源文件或者是*.asm 源文件）和链接命令文件（*.cmd 文件），编译链接之后才能生成可执行下载文件（*.out 文件）。

表 6.3   数据和方向控制寄存器

寄存器名称	位	名　称	作　　用
PCDATDIR	9	C1DIR	将该引脚设置为输入（0）/输出（1）方式
PCDATDIR	1	IOPC1	从该引脚读入或者输出数据
PFDATDIR	14	F6DIR	将该引脚设置为输入（0）/输出（1）方式
PFDATDIR	6	IOPF6	从该引脚读入或者输出数据

四、实验内容

在这个项目文件夹下面包括 4 个源文件，分别是头文件 register.h、源程序代码文件包含中断向量表分配文件 vectors.asm、命令链接文件 test2.cmd、主程序文件 test2.c。

1. 头文件 register.h

头文件 register.h 包含外设寄存器的内容映射到 DSP 的相应数据存储空间的内容。

它主要分为 11 大类：C2xx 内核寄存器、系统模块寄存器、看门狗/实时中断（RTI）/锁相环（PLL）寄存器、外围串行接口（SPI）寄存器、串行通信接口寄存器、外围中断配置寄存器、数字 I/O 控制寄存器、ADC 寄存器定义、局部控制网络（CAN）寄存器、事件管理器（EV）/事件管理器 A（EVA）寄存器、事件管理器 B（EVB）寄存器。

可以直接移植光盘中"2407A 代码"文件夹下的 register.h 文件。

2. 中断向量表分配文件 vectors.asm

由于 2407A 中断向量表的入口地址已经规定，所以只能使用汇编语言编写中断向量表。中断的分配如表 6.4 所示。

表 6.4   中断分配表

Interrupt Level	Interrupt Vector Location	Contents of Vector Location
INT1	0002h	Branch to GISR1
INT2	0004h	Branch to GISR2
INT3	0006h	Branch to GISR3
INT4	0008h	Branch to GISR4
INT5	000Ah	Branch to GISR5
INT6	000Ch	Branch to GISR6

在没有发生中断的情况下，中断向量表分配的汇编程序代码：
****
文件名：vectors.asm
作用：按照中断向量表分配中断程序代码。
****

```
.title      "vectors. asm"
.ref        _c_int0, _nothing
.sect       "vect"
reset:          B       _c_int0
int1:           B       _nothing        ; 02h INT1
```

int2:	B	_nothing	; 04h INT2
int3:	B	_nothing	; 06h INT3
int4:	B	_nothing	; 08h INT4
int5:	B	_nothing	; 0Ah INT5
int6:	B	_nothing	; 0Ch INT6
int7:	B	_nothing	; 0Eh reserved
int8:	B	_nothing	; 10h INT8 user-defined
int9:	B	_nothing	; 12h INT9 user-defined
int10:	B	_nothing	; 14h INT10 user defined
int11:	B	_nothing	; 16h INT11 user defined
int12:	B	_nothing	; 18h INT12 user defined
int13:	B	_nothing	; 1Ah INT13 user defined
int14:	B	_nothing	; 1Ch INT14 user defined
int15:	B	_nothing	; 1Eh INT15 user defined
int16:	B	_nothing	; 20h INT16 user defined
int17:	B	_nothing	; 22h TRAP
int18:	B	_nothing	; 24h NMI
int19:	B	_nothing	; 26h reserved
int20:	B	_nothing	; 28h INT20 user defined
int21:	B	_nothing	; 2Ah INT21 user defined
int22:	B	_nothing	; 2Ch INT22 user defined
int23:	B	_nothing	; 2Eh INT23 user defined
int24:	B	_nothing	; 30h INT24 user defined
int25:	B	_nothing	; 32h INT25 user defined
int26:	B	_nothing	; 34h INT26 user defined
int27:	B	_nothing	; 36h INT27 user defined
int28:	B	_nothing	; 38h INT28 user defined
int29:	B	_nothing	; 3Ah INT29 user defined
int30:	B	_nothing	; 3Ch INT30 user defined
int31:	B	_nothing	; 3Eh INT31 user defined

每一条无条件跳转汇编语句占用 2 字的程序空间，6 个按优先级获得服务的可屏蔽中断为 INT1～INT6、5 个不可屏蔽中断（包括保留）、21 个软件中断，一共 32 个中断，占用 64 字空间，分别存放程序空间从 0000H～0040H 的位置。

3. 命令链接文件 test2.cmd

****

文件名：test2.cmd

作用：分配程序和数据空间以及各不同段的分配。

****

```
-c                    /*使用 C/C++编译器的 ROM 自动化模型所定义的链接约定*/
-h                    /*使所有的全局符号成为静态变量*/
```

```
-o test2.out                    /*产生可执行下载文件，文件名可以根据不同项目而定*/
-m test2.map                    /*产生存储器映射文件，文件名可以根据不同项目而定*/
-lrts2xx.lib                    /*使 C 语言支撑库（CCStudio 系统库）作为链接器的输入文件*/
test2.obj                       /*输入程序目标代码文件，在 CCS2000（2.0 版）中删除，后同*/
vectors.obj                     /*输入中断目标代码文件，在 CCS2000（2.0 版）中删除，后同*/
-stack 100


MEMORY                          /*将段分配进 MEMORY 伪指令定义的存储器区间*/
{
    PAGE 0: VECS:   origin = 0000h, length = 0040h
                    /*定义中断向量表，起始地址 0000H，长度 40H */
            PRAG:   origin = 0800h, length = 7800h
                    /*定义程序存储区，起始地址 0800H，长度 7800H */
    PAGE 1: B2:     origin = 0060h, length = 001fh
                    /*定义数据 B2 块，起始地址 0060H，长度 001FH */
            B0:     origin = 0200h, length = 00ffh
                    /*定义数据 B02 块，起始地址 0200H，长度 00FFH */
            B1:     origin = 0300h, length = 00ffh
                    /*定义数据 B1 块，起始地址 0300H，长度 00FFH */
            SARAM:  origin = 8000h, length = 8000h
                    /*定义 SARAM 空间，起始地址 8000H，长度 8000H */
}
SECTIONS                        /*指定输出段存放在存储器中的何处*/
{
    .text:   >   PRAG    PAGE 0      /*将.text 段映射到 page0 的 PROG 区*/
    .cinit:  >   PRAG    PAGE 0      /*将.cinit 段映射到 page0 的 PROG 区*/
    .switch: >   PRAG    PAGE 0      /*将.switch 段映射到 page0 的 PROG 区*/
    vect:    >   VECS    PAGE 0      /*将中断空间分配到 page0 的 VECS 区*/

    . const: >   SARAM PAGE 1        /*将.const 段映射到 page1 的 DATA 区*/
    . bss:   >   SARAM PAGE 1        /*将.bss 段映射到 page1 的 DATA 区*/
    . stack: >   B1     PAGE 1       /*将.stack 段映射到 page1 的 DATA 区*/
    . sysmem: >  SARAM PAGE 1        /*将.sysmem 段映射到 page1 的 DATA 区*/
}
```

命令链接文件是将链接信息存放在一个文件夹中，这在多次使用同样的链接信息时，可以方便调用。

4. 主程序文件 test2.c

****

文件名：test2.c

作用：实现 I/O 控制指示灯间隙闪烁。

```
*********************************************
   #include"register.h"
unsigned int flag=0;
void delay（unsigned int tmp）;
 /*CPU 初始化函数*/
void cpu_init（）
{
    SCSR1=0x0204;          /*时钟频率设置为 20 MHz，使能 EVA 时钟*/
        asm（" setc SXM"）;       /*符号扩展方式位有效*/
        asm（" clrc OVM"）;        /*累加器中结果正常溢出 */
        asm（" clrc CNF"）;        /*B0 块配置为数据空间*/
        WDCR=0x006f;        /* 看门狗不使能*/
SCSR2|=0x0002;           /* SARAM 被映射到片内数据空间 */
        WSGR=0x0000;            /* 不插入任何等待周期 */
        IMR=0x0000;            /*屏蔽所有中断*/
        IFR=0xffff;              /*清除所有中断标志*/
}
/*中断函数*/
void   interrupt nothing（）
{
    return;
}
/*主函数*/
void main （）
{
  cpu_init（）;

  MCRC&=0xbfff;              /*设置 IOPF6 为一般 I/O 功能*/
  MCRB&=0xfffd;              /*设置复用引脚 BIO/IOPC1 为一般 I/O 功能*/

  while（1）
  {
PFDATDIR=0x4040;          /*IOPF6   输出 1*/
    delay（50）;              /*调用延迟程序*/
PCDATDIR=0x0202;          /*IOPC1   输出 0*/
delay（10）;              /*调用延迟程序*/
PFDATDIR=0x4000;          /*IOPF6   输出 0*/
delay（50）;              /*调用延迟程序*/
PCDATDIR=0x0200;          /*IOPC1   输出 0*/
delay（10）;              /*调用延迟程序*/
```

```
    }
}
/*延迟函数*/
void delay（unsigned int tmp）          /*延时输入参数 tmp*/
{
    unsigned int i,j;

    for（i=0；i<tmp；i++）
    for（j=0；j<10000；j++）;
}
```

五、实验步骤

① 关闭电源，把 KG 拨到右端，硬件连接如表 6.5 所示。

表 6.5 硬件连接表

LF2407A 中 JP1	仿真器的 JTAG 接口
T15	使用短路块接 1，2 引脚
T52	使用短路块接 2，3 引脚

② 2407EVM 板单独使用时，外 5V 电源接 J2 口，再把 KG 拨到左端（如果 2407EVM 板插在主板上则不需要此步）。

③ 打开 CCS，程序指针指向 0000H。

④ 新建一个文件夹，取名为 test2，把 register.h 存放到该文件夹下面，把 vectors.asm 存放到该文件夹下面。新建一个项目，取名为 test2，加入源文件 test2.c 和 vectors.asm，再加入 test2.cmd 文件，按下 "✎" 编译连接，生成可执行文件 test2.out，然后单击菜单 Files/Load Program，选择 test2.out 下载。

⑤ 下载完毕，可以单击运行图标 "✎" 或者按键盘上的 "F5" 键，观察 2407A 插板上的 D1 发光二极管和 D2 发光二极管是否间隙闪烁。

◆ 以上例程也可以通过直接调用客户光盘中的 2407A 代码\test2 中的 test2.mak，编译链接下载后观察现象。以下所有实验在客户光盘中都有代码提供。程序调用注意修改其 "只读" 属性。

六、实验报告要求

① 要求查找相关资料总结 TMS320LF2407A 的内部程序存储器和数据存储器的分配情况。

② 仔细阅读 test2.cmd，分析程序运行后程序代码与数据代码的分配情况，试把程序代码存放在从 1000H 开始，长度位 1000H 的程序段中。

③ 求查找相关资料熟悉 TMS320LF2407A I/O 的控制寄存器，总结 TMS320LF2407A 复用 I/O 引脚的个数和可作一般 I/O 引脚功能的引脚的个数。

实验三　定时器操作实验

一、实验目的

① 掌握数据输入输出控制的基本方法。
② 学会使用定时器控制 I/O 口指示灯间隙闪烁。
③ 了解 C 语言处理中断的两种方法。

二、实验设备

DSP 实验箱、仿真器、PC 机。

三、实验原理

1. TMS320LF2407A 的事件管理器模块
事件管理器模块为控制系统（运动控制和电动机控制）的开发提供了强大功能。
TMS320LF2407A 包括两个事件管理器模块：EVA 和 EVB。每个事件管理器模块包括通用定时器（GP）、比较单元、捕获单元以及正交脉冲倍频电路。两个事件管理器模块的这些单元功能都分别相同。这里主要介绍 EVA 的通用定时器（GP）。
EVA 有 2 个通用定时器，每个定时器包括如下模块。
① 一个 16 位的定时器增/减计数的计数器 TxCNT，可读写。
② 一个 16 位的定时器比较寄存器（双缓冲，带影子寄存器）TxCMPR，可读写。
③ 一个 16 位的定时器周期寄存器（双缓冲，带影子寄存器）TxPR，可读写。
④ 一个 16 位的定时器控制寄存器 TxCON，可读写。
⑤ 可选择的内部或外部输入时钟。
⑥ 用于内部或外部时钟输入的可编程的预定标器。
⑦ 控制和中断逻辑用于 4 个可屏蔽的中断——下溢、溢出、定时器比较和周期中断。
⑧ 可选择方向的输入引脚 TDIRx（当用双向计数方式时用来选择向上或向下计数）。

2. 定时器的操作模式
每个通用定时器有 4 种可选的操作模式。
① 停止/保持模式。
② 连续递增计数模式。
③ 连续增/减计数模式。
④ 定向的增/减计数模式。

3. 关键寄存器介绍
这里只介绍定时器控制寄存器 TxCON，各位如图 6.8 所示。

15	14	13	12	11	10	9	8
Free	Soft	Reserved	TMODE1	TMODE0	TPS2	TPS1	TPS0
RW-0	RW-0	RW-0	RW-0	RW-0	RW-0	RW-0	RW-0

7	6	5	4	3	2	1	0
TSWT1	TENABLE	TCLKS1	TCLKS0	TCLD1	TCLD0	TECMPR	SELT1PR
RW-0	RW-0	RW-0	RW-0	RW-0	RW-0	RW-0	RW-0

图 6.8　定时器控制寄存器

各功能如表 6.6 所示。

表 6.6 　　　　　　　　　　　　**定时器控制寄存器功能表**

位	功　能	取值	作　用
15～14	仿真控制位		
13	保留		
12～11	计数模式选择	00	停止/保持
		01	连续增/减计数模式
		10	连续增计数模式
		11	定向的增/减计数模式
10～8	输入时钟定标器		计数时钟=输入时钟频率/（2 的设定值次方）
7	定时器 2/4 的启动位选择	0	使用自身的使能位
		1	使用定时器 1/3 的使能位
6	定时器使能	0	禁止定时器操作
		1	允许定时器操作
5～4	时钟源选择	00	内部时钟
		01	外部时钟
		10	保留
		11	正交编码脉冲电路提供时钟源
3～2	定时器比较寄存器重载条件	00	计数器的值为 0 时重载
		01	计数器的值为 0 或等于周期寄存器值时重载
		10	立即
		11	保留
1	定时器比较使能	0	禁止定时器比较操作
		1	使能定时器的比较操作
0	定时器 2/4 的周期寄存器选择	0	使用自己的周期寄存器
		1	使用定时器 1/3 的周期寄存器

4. 本实验提供的例程

通过设置 T1CON 中相应的位来设置定时器工作在连续递增模式。发光二极管 VD1 和 VD2 每隔一定的时间间隙闪烁，这里的时间间隙就是定时器 1 设定的时间。硬件连接图如图 6.9 所示，通过设置 2 个复用引脚工作在一般 I/O 功能，这 2 个 I/O 引脚分别是 IOPC1 和 IOPF6，IOPC1 控制 VD2 发光二极管间隙闪烁，IOPF6 控制 VD1 发光二极管间隙闪烁。由于 IOPF6 与 VD1 发光二极管并没有直接相连，所以需要使用短路块连接 T15 的 1、2 引脚。

例程中使能 EVA 模块的时钟。

在 CPU 初始化函数中，设置：

SCSR1=0x0204;　　　　　　/*CLKOUT=2*Fin，使能 EVA 时钟*/

使用定时器 1 定时，初始化设置如下。

EVAIMRA|=0x0080;　　　　　/*使能定时器 1 的周期中断*/

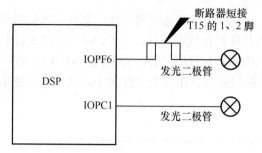

图 6.9　指示灯间隙闪烁连线图

EVAIFRA&=0x0080;	/*清除定时器 1 的周期中断标志 */
T1CON=0x1704;	/*连续增计数模式，128 预分频，不使能定时器 1*/
T1PER=0x2000;	/*设置周期值*/
T1CNT=0x0000;	/*定时器 1 的计数器初值为 0*/

四、实验内容

在这个项目文件夹下面包括 4 个源文件，分别是头文件 register.h、命令链接文件 test3.cmd、源程序代码文件包含中断向量表分配文件 vectors.asm、主程序文件 test3.c。

1. 头文件 register.h

可以直接移植光盘中提供的 register.h 文件，注意更改其只读方式的属性。

2. 中断向量表分配文件 vectors.asm

中断向量表分配文件 vectors.asm，移植实验二中的 vectors.asm。需要修改地方如表 6.7 所示。

表 6.7　　　　　　　　　　　　　　中断向量表修改内容

	实验二的 vectors.asm 中内容	实验三的 vectors.asm 中内容
修改语句	.ref _c_int0, _nothing	.ref _c_int, _nothing, _T1INT
修改语句	int2: b _nothing	int2: b _T1INT
其他	语句可以直接移植	

每一条无条件跳转汇编语句占用 2 字的程序空间，6 个按优先级获得服务的可屏蔽中断为 INT1～INT6、5 个不可屏蔽中断、21 个软件中断一共 32 个中断，占用 64 字空间，分别存放程序空间从 0000H～0040H 的位置。

3. 命令链接文件 test3.cmd

命令链接文件 test3.cmd 中的 MEMORY 存储空间分配和 SECTION 段分配代码可以移植实验二的 test2.cmd，需要修改：

```
**********************************************
```

文件名：test3.cmd

作用：分配程序和数据空间以及各不同段的分配。

```
**********************************************
```

-o test3.out　　　　　/*产生可执行下载文件，文件名可以根据不同项目而定*/

  -m test3.map   /*产生存储器映射文件，文件名可以根据不同项目而定*/

  test3.obj   /*输入程序目标代码文件，在 CCS2000（2.2 版中删除），后同*/

  vectors.obj   /*输入中断目标代码文件，在 CCS2000（2.2 版中删除），后同*/

  命令链接文件是将链接信息存放在一个文件夹中，这在多次使用同样的链接信息时，可以方便的调用。

  4. 主程序文件 test3.c

****

文件名：test3.c

作用：实现定时器定时控制 I/O 指示灯间隙闪烁。

****

```
    #include"register.h"
unsigned int count=0;
unsigned int var_flag=0;


/*CPU 初始化函数*/
void cpu_init（）
{
    SCSR1=0x0204;          /*时钟频率设置为 20 MHz，使能 EVA 时钟*/
        asm（" setc SXM"）;     /*符号扩展方式位有效*/
        asm（" clrc OVM"）;     /*累加器中结果正常溢出 */
        asm（" clrc CNF"）;     /*B0 块配置为数据空间*/
        WDCR=0x006f;       /* 看门狗不使能*/
SCSR2|=0x0003;
 /* SARAM 即被映射到片内程序空间，又被映射到片内数据空间 */
        WSGR=0x0000;       /* 不插入任何等待周期 */
        IMR=0x0002;        /*使能 int2 中断*/
        IFR=0xffff;        /*清除所有中断标志*/
}
/*定时器 1 初始化函数*/
void timer1init（）
{
    EVAIMRA|=0x0080;          /*使能定时器 1 的周期中断*/
    EVAIFRA&=0x0080;          /*清除定时器 1 的周期中断标志 */
    T1CON=0x1704;
/*连续增计数模式，128 预分频，不使能定时器 1*/
    T1PER=0x2000;            /*设置周期值*/
    T1CNT=0x0000;            /*定时器 1 的计数器初值为 0*/
}


/*定时器 1 中断函数*/
```

```
void interrupt T1INT( )
{

     switch(PIVR)
   {
case 0x0027:
  T1CNT=0x0000;              /*定时器 1 的计数器初值为 0*/
          EVAIFRA=EVAIFRA&0X0080; /*清除定时器 1 的中断标志*/
          if(count<5) count++;       /*计数值<5,继续计数*/
          else if(count= =5)         /*计数值=5,执行相应功能*/
            {
               var_flag=1;         /*进入定时器 1 周期中断有效*/
               count=0;            /*计数值=0 */
            }
               break;
      default:   break;
   }
   asm （" clrc INTM"）;              /*使能所有未屏蔽中断*/
   return；
}
/*中断函数*/
void   interrupt nothing （）
{
   asm （" clrc INTM"）;              /*使能所有未屏蔽中断*/
   return；
}
/*主函数*/
void main()
{
   unsigned int flag=0;

   asm （" setc intm"）;          /*不使能所有中断*/
   cpu_init （）;
   timer1init （）;
   asm （" clrc intm"）;           /*使能所有未屏蔽中断*/

MCRC&=0xbfff;            /*设置 IOPF6 为一般 I/O 功能*/
MCRB&=0xfffd;            /*设置复用引脚 BIO/IOPC1 为一般 I/O 功能*/
   T1CON|=0x0040;             /*使能定时器 1*/
```

```
        while（1）
        {
          if（var_flag==1）              /*进入定时器 1 周期中断标志*/
            {
              if（flag==0）
                {
                  flag=1;
                  PFDATDIR=0x4000;       /*IOPF6   输出 0*/
              PCDATDIR=0x0202;           /*IOPC1   输出 1*/
                }
              else
                {
                  flag=0;
                  PFDATDIR=0x4040;       /*IOPF6   输出  1*/
              PCDATDIR=0x0200;           /*IOPC1   输出 0*/
                }
            }
        }
    }
```

五、实验步骤

① 关闭电源，把 KG 拨到右端，硬件连接如表 6.8 所示。

表 6.8 硬件连接表

LF2407A 中 JP1	仿真器的 JTAG 接口
T15	使用短路块接 1，2 引脚
T52	使用短路块接 2，3 引脚

② 2407EVM 板单独使用时，外 5V 电源接 J2 口，再把 KG 拨到左端（如果 2407EVM 板插在主板上则不需要此步）。

③ 打开 CCS，程序指针指向 0000H。

④ 新建一个文件夹，取名为 test3-dsq，把 register.h 存放到该文件夹下面，把 vectors.asm 存放到该文件夹下面。新建一个项目，取名为 test3，加入源文件 test3.c 和 vectors.asm，再加入 test3.cmd 文件，编译连接，然后下载可执行文件 test3.out。

⑤ 下载完毕，可以单击运行图标 " 🏃 " 或者按键盘上的 "F5" 键，观察 2407A 插板上的 VD1 发光二极管和 VD2 发光二极管是否同时间隙闪烁。

六、实验报告要求

① 要求查找相关资料熟悉 TMS320LF2407A 事件管理器（EVA 和 EVB）的控制寄存器。

② C 语言处理中断有两种方法实现可屏蔽的中断。

a. 通过外围中断向量寄存器 PIVR 的值识别中断的方法实现可屏蔽中断。

```
switch（PIVR）
    {
case 0x0027:
    T1CNT=0x0000;                    /*定时器 1 的计数器初值为 0*/
        EVAIFRA=EVAIFRA&0X0080;
        if（count<5）count++;          /*计数值<5，继续计数*/
        else if（count= =5）            /*计数值=5，执行相应功能*/
          {
            var_flag=1;               /*进入定时器 1 周期中断有效*/
            count=0;                  /*计数值=0 */
          }
            Break;
        default:  break;
    }
    asm（" clrc INTM"）;               /*使能所有未屏蔽中断*/
        return;
```

b. 通过软件识别中断标志的方法实现可屏蔽的中断。

上面的代码用以下粗体部分代码替换：

```
    int flag；
flag=EVAIFRA&0X0080;           /*判断是否有定时器 1 的周期中断*/
    if（flag!=0x0080）
    {
        asm（" clrc INTM"）;
        return;
    }

    T1CNT=0x0000;                     /*定时器 1 的计数器初值为 0*/
    EVAIFRA=EVAIFRA&0X0080;    /*清除定时器 1 的中断标志*/
    if（count<5）count++;             /*计数值<5,继续计数*/
    else if（count= =5）              /*计数值=5,执行相应功能*/
    {
        var_flag=1;                   /*进入定时器 1 周期中断有效*/
        count=0;                      /*计数值=0 */
    }
    asm（" clrc INTM"）;               /*使能所有未屏蔽中断*/
    return;
```

试用"通过软件识别中断标志的方法实现可屏蔽的中断"的方法来控制指示灯闪烁。

实验四　通用定时器的比较操作实验

一、实验目的

① 了解 TMS320LF2407A 的事件管理器的资源。
② 熟悉事件管理器的通用定时器的相关寄存器的使用。
③ 学会使用事件管理器（EV）的定时比较输出 PWM 波形。

二、实验设备

DSP 实验箱、仿真器、PC 机、示波器。

三、实验原理

1. TMS320LF2407A 的事件管理器模块

事件管理器模块为控制系统（运动控制和电动机控制）的开发提供了强大功能。

TMS320LF2407A 包括两个事件管理器模块：EVA 和 EVB。每个事件管理器模块包括通用定时器（GP）、比较单元、捕获单元以及正交脉冲倍频电路。两个事件管理器模块的这些单元功能都相同。这里主要介绍定时器的比较操作。

EVA 有 2 个通用定时器，每个定时器都有一个相关的比较寄存器 TxCMPR 和一个 PWM 输出引脚 TxPWM。通用定时器的值总是与相关的比较寄存器的值进行比较，当定时计数器的值与比较寄存器的值相等时，就产生匹配。

2. 通用定时器的比较输出

通用定时器的比较输出可定义为高电平有效、低电平有效、强制高电平或强制低电平，这取决于 GPTCONA/B 的各位是如何配置的。当它定义为高（低）电平有效时，在第一次比较匹配发生时，比较输出产生一个由低至高（由高至低）的跳变。如果通用定时器工作在增/减计数模式，则在第二次比较匹配时，比较输出产生一个由高至低（由低至高）的跳变；如果通用定时器工作在递增计数模式，则在发生周期匹配时比较输出也产生一个由高至低（由低至高）的跳变。比较输出定义为强制高（低），定时器比较输出立即变为高（低）。

3. 定时器比较输出 PWM 波形

TMS320LF2407A 的定时器 1、2、3、4 比较输出 4 路 PWM 波形。其中，T1PWM 输出占空比为 50%、频率为 2.45kHz 的 PWM 波形，T2PWM 输出占空比为 50%、频率为 1.225kHz 的 PWM 波形，T3PWM 输出占空比为 25%、频率为 2.45kHz 的 PWM 波形，T4PWM 输出占空比为 25%、频率为 1.225kHz 的 PWM 波形。

例程中使能 EVA 和 EVB 模块的时钟。

在 CPU 初始化函数中，设置：
SCSR1=0x020C;　　　　　/*CLKOUT=2*Fin, 使能 EVA、EVB 时钟*/

/*定时器 12 的初始化*/
　MCRA|=0x3000;
　/*设置 MCRA.12 为 T1PWM/T1CMP, MCRA.13 为 T3PWM/T3CMP*/

```
GPTCONA|=0x004A;          /*使能 CMP 输出 */

T1PER=0x1FE;              /*设置周期值寄存器 1 */
T1CON=0x1442;             /*频率设置为   2.45kHz*/
T1CNT=0x0000;             /*定时器 1 的计数器值为 0 */
T1CMP=0xFF;               /*Timer1 CMP=0*/

T2PER=0x3FC;              /*设置周期值寄存器 2 */
T2CON=0x1442;             /*频率设置为   1.225kHz*/
T2CNT=0x0000;             /*定时器 2 的计数器值为 0 */
T2CMP=0x1FE;

MCRC|=0x0C00;
/*设置 MCRC.10 为 T3PWM/T3CMP，MCRA.11 为  T4PWM/T4CMP*/
GPTCONB|=0x0045;          /*使能 CMP 输出*/

T3PER=0x1FE;              /*设置周期值寄存器 3 */
T3CON=0x1442;             /*频率为  2.45kHz*/
T3CNT=0x0000;             /*定时器 3 的计数器值为 0 */
T3CMP=0x80;

T4PER=0x3FC;              /*设置周期值寄存器 4 */
T4CON=0x1442;             /*频率为  1.225kHz*/
T4CNT=0x0000;             /*定时器 4 的计数器值为 0 */
T4CMP=0x100;
```

$$PWM 输出频率 = CLKOUT / 预分频数 \times T1PER$$

四、实验内容

在这个项目文件夹下面包括 4 个源文件，分别是头文件 register.h、命令链接文件 test4.cmd、源程序代码文件包含中断向量表分配文件 vectors.asm、主程序文件 test4.c。

1. 头文件 register.h

可以直接移植光盘中提供的 register.h 文件，注意更改其只读方式的属性。

2. 中断向量表分配文件 vectors.asm

中断向量表分配 vectors.asm 文件，可以直接移植实验二中的 vectors.asm。

每一条无条件跳转汇编语句占用 2 字的程序空间，6 个按优先级获得服务的可屏蔽中断为 INT1～INT6、5 个不可屏蔽中断、21 个软件中断一共 32 个中断，占用 64 字空间，分别存放程序空间从 0000H～0040H 的位置。

3. 命令链接文件 test4.cmd

命令链接文件 test4.cmd 中的 MEMORY 存储空间分配和 SECTION 段分配代码可以移植实验二的 test2.cmd，需要修改：

```
*********************************************
文件名：test4.cmd
作用：分配程序和数据空间以及各不同段的分配。
*********************************************

-o test4.out              /*产生可执行下载文件，文件名可以根据不同项目而定*/
-m test4.map              /*产生存储器映射文件，文件名可以根据不同项目而定*/
test4.obj                 /*输入程序目标代码文件*/
vectors.obj               /*输入中断目标代码文件*/
```

命令链接文件是将链接信息存放在一个文件夹中，这在多次使用同样的链接信息时，可以方便地调用。

4. 主要程序 test4.c 文件

```
*********************************************
文件名：test4.c
作用：通用定时器的比较产生 PWM 波形。
*********************************************

    #include"register.h"


/*CPU 初始化函数*/
void cpu_init（）
{
    SCSR1=0x020C;          /*时钟频率设置为 20 MHz，使能 EVAEVB 时钟*/
        asm（" setc SXM"）;       /*符号扩展方式位有效*/
        asm（" clrc OVM"）;        /*累加器中结果正常溢出  */
        asm（" clrc CNF"）;        /*B0 块配置为数据空间*/
        WDCR=0x006f;          /*  看门狗不使能*/
SCSR2|=0x0003;
  /* SARAM 即被映射到片内程序空间，又被映射到片内数据空间  */
        WSGR=0x0000;          /*  不插入任何等待周期  */
        IMR=0x0000;           /*屏蔽所有中断*/
        IFR=0xffff;           /*清除所有中断标志*/
}
/*定时器 12 的初始化*/
/*占空比为 50%*/
void timer12init（）
{
    MCRA|=0x3000;
  /*设置 MCRA.12 为 T1PWM/T1CMP，MCRA.13 为 T3PWM/T3CMP*/
    GPTCONA|=0x004A;            /*使能 CMP 输出 */

    T1PER=0x1FE;                /*设置周期值寄存器 1 */
```

```
        T1CON=0x1442;           /*频率设置为   2.45 kHz*/
        T1CNT=0x0000;           /*定时器 1 的计数器值为 0 */
        T1CMP=0xFF;              /*Timer1 CMP=0*/

        T2PER=0x3FC;            /*设置周期值寄存器 2 */
        T2CON=0x1442;           /*频率设置为   1.225 kHz*/
        T2CNT=0x0000;            /*定时器 2 的计数器值为 0 */
        T2CMP=0x1FE;
}
/*定时器 34 的初始化*/
/*占空比为 25%*/
void timer34init（）
{
    MCRC|=0x0C00;
/*设置 MCRC.10 为 T3PWM/T3CMP，MCRA.11 为 T4PWM/T4CMP*/
    GPTCONB|=0x0045;            /*使能 CMP 输出*/

    T3PER=0x1FE;               /*设置周期值寄存器 3 */
        T3CON=0x1442;              /*频率为 2.45 kHz*/
    T3CNT=0x0000;              /*定时器 3 的计数器值为 0 */
    T3CMP=0x80;

    T4PER=0x3FC;              /*设置周期值寄存器 4 */
    T4CON=0x1442;             /*频率为 1.225 kHz*/
    T4CNT=0x0000;             /*定时器 4 的计数器值为 0 */
    T4CMP=0x100;
}
/*主函数*/
void main（）
{
    asm（" setc INTM"）;         /*不使能所有中断*/
    cpu_init（）;
    timer12init（）;
    timer34init（）;

    while（1）;
}
/*中断函数*/
void   interrupt nothing（）
{
```

```
    return;
}
```

五、实验步骤

① 关闭电源，把 KG 拨到右端，硬件连接如表 6.9 所示。

表 6.9 硬件连接表

LF2407A 中 JP1	仿真器的 JTAG 接口
T15	使用短路块接 1，2 引脚
T52	使用短路块接 2，3 引脚

② 2407EVM 板单独使用时，外 5V 电源接 J2 口，再把 KG 拨到左端（如果 2407EVM 板插在主板上则不需要此步）。

③ 打开 CCS，程序指针指向 0000H。

④ 新建一个文件夹，取名为 test4-TCMP，把 register.h 存放到该文件夹下面，把 vectors.asm 存放到该文件夹下面。新建一个项目，取名为 test4，加入源文件 test4.c 和 vectors.asm，再加入 test4.cmd 文件，编译连接，然后下载可执行文件 test4.out。

⑤ 下载完毕，可以单击运行图标"💉"或者按键盘上的"F5"键，使用示波器观察 2407AEVM 板上的 PWM 输出的波形，如表 6.10 所示。

表 6.10 PWM 输出的波形说明

硬件引脚	引脚解释	输出频率	占空比
P6.4	T1PWM	2.45 kHz	50%
P6.1	T2PWM	1.225 kHz	50%
P6.6	T3PWM	2.45 kHz	25%
P6.8	T4PWM	1.225 kHz	25%

六、实验报告要求

① 读懂定时器 1、2、3、4 的比较输出过程。

② 分别定义定时器比较输出为高有效、低有效、强制高有效，改变占空比观察实验结果并记录实验现象，更好地理解定时器的比较输出情况。

实验五 带死区的 PWM 输出实验

一、实验目的

① 了解 TMS320LF2407A 的事件管理器的资源。

② 熟悉事件管理器的比较操作寄存器的使用。

③ 学会使用事件管理器（EV）输出 PWM 波形。

④ 学会控制输出带死区的 PWM 波形。

二、实验设备

DSP 实验箱、仿真器、PC 机、示波器。

三、实验原理

1. TMS320LF2407A 的事件管理器模块

事件管理器模块为控制系统（运动控制和电动机控制）的开发提供了强大功能。

TMS320LF2407A 包括两个事件管理器模块：EVA 和 EVB。每个事件管理器模块包括通用定时器（GP）、比较单元、捕获单元以及正交脉冲倍频电路。两个事件管理器模块的这些单元功能都分别相同。这里主要介绍与比较单元对应的脉宽调制电路。

EVA 有 6 路 PWM 输出的电路，PWM 特性如下。

① 16 位寄存器。

② 有 0 到 16μs 的可编程死区发生器控制 PWM 输出对。

③ 有最小的死区宽度为 1CPU 时钟周期。

④ 对 PWM 频率的变动可根据需要改变 PWM 的载波周期。

⑤ 外部可屏蔽的功率驱动保护中断。

⑥ 脉冲形式发生器电路，用于可编程的对称、非对称以及 4 个空间矢量 PWM 波形产生。

⑦ 自动重载装的比较和周期寄存器使 CPU 的负担最小。

2. 电路结构框图（如图 6.10 所示）

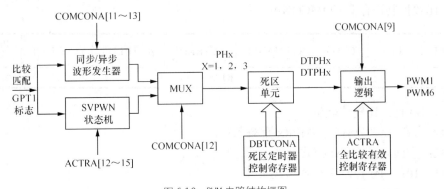

图 6.10　PWM 电路结构框图

它包括以下功能单元。

① 非对称/对称波形发生器。

② 可编程的死区单元（DBU）。

③ 输出逻辑。

④ 空间矢量 PWM 状态机。

3. 寄存器介绍以及死区的产生

（1）动作控制寄存器 ACTRA

SVRDIR	D2	D1	D0	CMP6ACT1	CMP6ACT0	CMP5ACT1	CMP5ACT0
CMP4ACT1	CMP4ACT0	CMP3ACT1	CMP3ACT0	CMP2ACT1	CMP2ACT0	CMP1ACT1	CMP1ACT0

其中，Bit 15：空间向量 PWM 旋转方向位。

Bit 14～12：基本的空间向量位。

Bit 11～10：比较输出引脚 6 上的比较输出方式选择。

Bit 9～8：比较输出引脚 5 上的比较输出方式选择。

Bit 7～6：比较输出引脚 4 上的比较输出方式选择。

Bit 5～4：比较输出引脚 3 上的比较输出方式选择。

Bit 3～2：比较输出引脚 2 上的比较输出方式选择。

Bit 1～0：比较输出引脚 1 上的比较输出方式选择。

（2）死区定时器控制寄存器 DBTCONA

```
        15～12                    11    10    9     8
       _____
      |              REV          | DBT3 | DBT2| DBY1 | DBT0 |
       _____
      |EDBT3 |EDBT2 |EDBT1 |EDBT0 |DBTPS2 |DBTPS1 |DBTPS0 | REV |
       _____
        7      6      5     4      3      2      1      0
```

其中，DBT3～DBT0：死区定时器周期。

EDBT3…EDBT1：死区定时器 3（2，1）的使能位。

DBTPS2～DBTPS0：死区定时器的预定标器。最大值为 32 预分频。

（3）比较控制寄存器 COMCONA

CENABLE	CLD1	CLD0	SVENABLE	ACTRLD1	ACTRLD0	FCOMPOE	PDPINTA STATE
REV							

其中，Bit 15：比较使能位。

Bit 14～13：比较寄存器 CMPRx 重载条件。

Bit 12：空间向量 PWM 模式使能。

Bit 11～10：动作控制寄存器重载条件。

Bit 9：比较输出使能位。

Bit 8：这一位反应了 PDPINTA 引脚的当前状态。

（4）死区的产生

如图 6.9 所示，对每一个输入信号 PHx，会产生两个输出信号 DTPHx 和 DTPHx_。当死区被禁止用于比较单元及其相应的输出时，这两个信号实际上是相同的。当死区单元被允许用于比较单元时，这两个信号的转换边沿就会被一个称为死区的时间间隔分开。这个时间间隔由 DBTCONx 的位决定，假设 DBTCONx【11-8】位中的值为 m，并且 DBTCONx【4-2】

位的值对应与预定标因子 x/p，那么死区的值为 $p*m$ 个 CPU 的时钟周期。

为了观察方便，DBTCONx【4-2】位的值对应与预定标因子 x/p，与定时器中的预定标值设置一致。

4. 12 路 PWM 输出波形

TMS320LF2407A 的 EV 输出 12 路 PWM 波形，EVA 使能死区控制功能，EVB 不使能死区控制功能。

本实验提供的例程：2407AEVM 上 12 路 PWM 输出波形，如表 6.11 所示。

表 6.11　　　　　　　　　　　　　　**12 路 PWM 波形**

引　脚	解　释	波形描述
P3.12	EVA(PWM1)	死区使能
P3.10	EVA(PWM2)	
P3.9	EVA(PWM3)	死区不使能
P3.8	EVA(PWM4)	
P3.6	EVA(PWM5)	死区使能
P3.5	EVA(PWM6)	
P3.15	EVB(PWM7)	死区不使能
P3.16	EVB(PWM8)	
P3.13	EVB(PWM9)	
P3.11	EVB(PWM10)	
P3.7	EVB(PWM11)	
P3.4	EVB(PWM12)	

例程中使能 EVA 和 EVB 模块的时钟。

在 CPU 初始化函数中，设置：

SCSR1=0x020C;　　　　　　/*CLKOUT=2*Fin, 使能 EVA 和 EVB 时钟*/

PWM 的初始化：

MCRA|=0x0FC0;　　　　　　/*使能 PWM1 PWM2、PWM3、PWM4、PWM5、PWM6*/

ACTRA=0x0666;　　　　　　/*PWM1、PWM3、PWM5 高有效/PWM2、PWM4、PWM6 低有效*/

DBTCONA=0x03B8;　　　　　/*使能比死区定时器 3 和死区定时器 1 的死区控制*/

CMPR1=0x0010;　　　　　　/*死区使能*/

CMPR2=0x0010;　　　　　　/*死区不使能*/

CMPR3=0x000f;　　　　　　/*死区使能*/

T1PER=0x001f;

COMCONA=0x8200;

T1CON=0x1D00;　　　　　　/*32 预分频*/

MCRC|=0x007E;

ACTRB=0x0666；
DBTCONB=0x0000；   /*死区不使能*/

CMPR3=0x0015；
CMPR4=0x0020；
CMPR5=0x0020；
T3PER=0x0040；
COMCONB=0x8200；
T3CON=0x1D00；

$$PWM 输出频率 = CLKOUT/预分频数 \times T1PER$$

四、实验内容

在这个项目文件夹下面包括 4 个源文件，分别是头文件 register.h、命令链接文件 test5.cmd、源程序代码文件包含中断向量表分配文件 vectors.asm、主程序文件 test5.c。

1. 头文件 register.h 文件

可以直接移植光盘中提供的 register.h 文件，注意更改其只读方式的属性。

2. 中断向量表分配文件 vectors.asm

中断向量表分配 vectors.asm 文件，可以直接移植实验二中的 vectors.asm。

每一条无条件跳转汇编语句占用 2 字的程序空间，6 个按优先级获得服务的可屏蔽中断为 INT1～INT6、5 个不可屏蔽中断、21 个软件中断一共 32 个中断，占用 64 字空间，分别存放程序空间从 0000H～0040H 的位置。

3. 命令链接文件 test5.cmd

命令链接文件 test5.cmd 中的 MEMORY 存储空间分配和 SECTION 段分配代码可以移植实验二的 test2.cmd，需要修改：

****

文件名：test5.cmd
作用：分配程序和数据空间以及各不同段的分配。

****

-o test5.out   /*产生可执行下载文件，文件名可以根据不同项目而定*/
-m test5.map   /*产生存储器映射文件，文件名可以根据不同项目而定*/
test5.obj   /*输入程序目标代码文件*/
vectors.obj   /*输入中断目标代码文件*/

命令链接文件是将链接信息存放在一个文件夹中，这在多次使用同样的链接信息时，可以方便地调用。

4. 主程序文件 test5.c

****

文件名：test5.c
作用：产生 12 路 PWM 波形，其中，PWM1、PWM2、PWM5、PWM6 死区使能。

****

        #include"register.h"

```
/*CPU 初始化函数*/
void cpu_init（）
{
    SCSR1=0x020C;              /*时钟频率设置为 20 MHz，使能 EVAEVB 时钟*/
        asm（" setc SXM"）;       /*符号扩展方式位有效*/
        asm（" clrc OVM"）;       /*累加器中结果正常溢出 */
        asm（" clrc CNF"）;       /*B0 块配置为数据空间*/
        WDCR=0x006f;            /* 看门狗不使能*/
SCSR2|=0x0003;
 /* SARAM 即被映射到片内程序空间，又被映射到片内数据空间 */
        WSGR=0x0000;            /* 不插入任何等待周期 */
        IMR=0x0000;             /*屏蔽所有中断*/
        IFR=0xffff;             /*清除所有中断标志*/
}
 /*PWM 初始化函数*/
void pwmAinit（）
{
    MCRA|=0x0FC0;
    DBTCONA=0x03B8;
    CMPR1=0x0010;  /*死区使能*/
    CMPR2=0x0010;  /*死区不使能*/
    CMPR3=0x000f;  /*死区使能*/
    T1PER=0x001f;  /*0x4E2; */
    COMCONA=0x8200;
    T1CON=0x1D00;          /*32 预分频*/
}


void pwmBinit（）
{
    MCRC|=0x007E;
    ACTRB=0x0666;
    DBTCONB=0x0000;        /*死区不使能*/
    CMPR3=0x0015;
    CMPR4=0x0020;
    CMPR5=0x0020;
    T3PER=0x0040;
    COMCONB=0x8200;
    T3CON=0x1D00;
}
```

```
/*主函数*/
void main（）
{
    cpu_init（）;
    pwmAinit（）;
    pwmBinit（）;
    asm（" clrc intm"）;

    T1CON|=0x0040;
    T3CON|=0x0040;
    while（1）{ }
}

/*中断函数*/
void   interrupt nothing（）
{
    asm（" clrc INTM"）;
    return;
}
```

五、实验步骤

① 关闭电源，把 KG 拨到右端，硬件连接如表 6.12 所示。

表 6.12　　　　　　　　　　　　　　硬件连接表

LF2407A 中 JP1	仿真器的 JTAG 接口
T15	使用短路块接 1，2 引脚
T52	使用短路块接 2，3 引脚

② 2407EVM 板单独使用时，外 5V 电源接 J2 口，再把 KG 拨到左端（如果 2407EVM 板插在主板上则不需要此步）。

③ 打开 CCS，程序指针指向 0000H。

④ 新建一个文件夹，取名为 test5-PWM，把 register.h 存放到该文件夹下面，把 vectors.asm 存放到该文件夹下面。新建一个项目，取名为 test5，加入源文件 test5.c 和 vectors.asm，再加入 test5.cmd 文件，编译连接，然后下载可执行文件 test5.out。

⑤ 下载完毕，可以单击运行图标"❧"或者按键盘上的"F5"键，用示波器观察 2407AEVM 板上 12 路 PWM 输出波形，测试引脚如表 6.11 所示。

六、实验报告要求

① 读懂 PWM 初始化函数。

② 分别定义比较输出为高有效、低有效、强制高有效，改变占空比观察实验结果并记录

实验现象，更好地理解定时器的比较输出情况。

③ 要求改变例程实现控制死区的宽度。

实验六　ADC 采样实验

一、实验目的

① 了解 TMS320LF2407A 的 ADC 的资源。

② 掌握 ADC 相关寄存器的功能。

③ 学会设置 ADC 的寄存器，并对数据转换的结果进行查看。

二、实验设备

DSP 实验箱、仿真器、PC 机。

三、实验原理

1. TMS 320LF2407A 的 ADC 模块

TMS320LF2407A 的 ADC 模块图如图 6.11 所示，其特点如下。

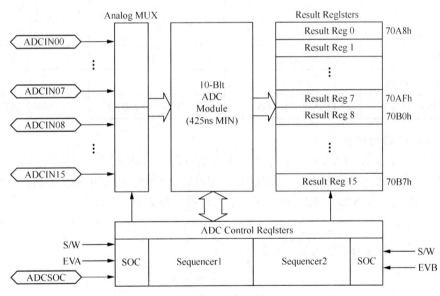

图 6.11　ADC 模块图

① 带内置采样/保持（S/H）的 10 位模数转换（ADC）内核。

② 425 ns 的快速转换时间，包括采样/保持时间加上转换时间。

③ 16 个模拟输入通道（ADCIN0～ADCIN15）。

④ 自动排序的能力，在一次转换操作可处理多达 16 个"自动转换"。每次转换操作可通过编程来选择 16 个输入通道的其中一个。

⑤ 两个独立的 8 状态排序器（SEQ1 和 SEQ2），可以独立工作在双排序器模式，或者连成 16 状态排序模式（SEQ）级联模式。

⑥ 在一个给定的排序模式下，4 个排序控制器（CHSELSEQn）决定模拟通道转换的顺序。

⑦ 16 个可单独访问的寄存器（RESULT0～RESULT15）用来存储转换值。

⑧ 模数转换顺序可由多个触发源触发。

2. 自动排序器的工作原理

模数转换（ADC）模块的排序器包括 8 个状态的排序器（SEQ1 和 SEQ2），这两个排序器可级联成一个 16 状态排序器（SEQ）。"状态" 表示排序器可以执行的自动转换数目。

双排序器（两个 8 状态，独立的）模式和单个排序器（16 个状态，级联）模式的排序器操作稍有差别。如表 6.13 所示，排序器状态如下。

排序器 SEQ1：CONV00～CONV07

排序器 SEQ2：CONV08～CONV15

排序器 SEQ：　CONV00～CONV15

表 6.13　　　　　　　　　　　8 状态和 16 状态模式的排序器操作差别

特　　性	单个 8 状态排序器 1（SEQ1）	单个 8 状态排序器 2（SEQ2）	级联 16 状态排序器（SEQ）
转换触发启动	软件，EVA，外部引脚	软件，EVB	软件，EVA，EVB，外部引脚
最大的自动转换数	8	8	16
排序结束后自动停止	是	是	是
仲裁优先级	高	低	无
ADC 结果寄存器位置	0～7	8～15	0～15
CHSELSEQn 位分配	CONV00～CONV07	CONV08～CONV15	CONV00～CONV15

3. 本实验提供的例程

采用事件管理器 A（EVA）的定时器 1 来启动 ADC（数模转换），本实验采用级联模式而不采用独立的 8 状态操作模式，一次做 16 个转换转换通道，通道 0 采样 8 次、通道 1 采样 8 次。转换完成后，在 A/D 中断服务子程序中将转换结果读出。

注意

AD 采样的输入值不要高于 3.3 V。

例程中使能 ADC 模块和 EVA 模块的时钟。

在 CPU 初始化函数中，设置：

```
SCSR1=0x0284;           /*CLKOUT=2*Fin, 使能 ADC 模块和 EVA 时钟*/

ADC 初始化：
T1CON=0x170C;           /*定时器 1 为连续增计数模式，128 预分频*/
T1PER=0x75;             /*设置定时器 1 的周期寄存器*/
T1CNT=0x0000;           /*设置定时器 1 的计数初值*/
```

```
GPTCONA=0x0100;          /*使用定时器 1 启动 ADC 模块*/
EVAIFRA=0xFFFF;          /*清除所有 EVA 的中断标志*/
EVAIMRA=0x0000;          /*不使能 EVA 的所有中断*/

ADCTRL1=0x0010;          /*设置高优先级，级联方式*/
ADCTRL2=0x0504;
/*中断模式 1，使用 EVA 模块的定时器作为 ADC 排序器的信号启动*/
MAXCONV=0x0F;           /*设置最大的转换通道数*/
CHSELSEQ1=0x0011;       /*设置转换的通道*/
CHSELSEQ2=0x0011;       /*设置转换的通道*/
CHSELSEQ3=0x0011;       /*设置转换的通道*/
CHSELSEQ4=0x0011;       /*设置转换的通道*/
```

四、实验内容

在这个项目文件夹下面包括 4 个源文件，分别是头文件 register.h、命令链接文件 test6.cmd、源程序代码文件包含中断向量表分配文件 vectors.asm、主程序文件 test6.c。

1. 头文件文件 register.h

可以直接移植光盘中提供的 register.h 文件，注意更改其只读方式的属性。

2. 中断向量表分配文件 vectors.asm

中断向量表分配文件 vectors.asm，移植实验二中的 vectors.asm。需要修改地方如表 6.14 所示。

表 6.14   中断向量表修改内容

	实验二的 vectors.asm 中内容	实验六的 vectors.asm 中内容
修改语句	.ref _c_int0, _nothing	.ref _c_int0, _nothing, _ADINT
修改语句	int1: b _nothing	int1: b _ADINT
其他	语句可以直接移植	

每一条无条件跳转汇编语句占用 2 字的程序空间，6 个按优先级获得服务的可屏蔽中断为 INT1～INT6、5 个不可屏蔽中断、21 个软件中断一共 32 个中断，占用 64 字空间，分别存放程序空间从 0000H～0040H 的位置。

3. 命令链接文件 test6.cmd

命令链接文件 test6.cmd 中的 MEMORY 存储空间分配和 SECTION 段分配代码可以移植实验二的 test2.cmd，需要修改：

```
**********************************************
文件名：test6.cmd
作用：分配程序和数据空间以及各不同段的分配。
**********************************************

-o test6.out          /*产生可执行下载文件，文件名可以根据不同项目而定*/
-m test6.map          /*产生存储器映射文件，文件名可以根据不同项目而定*/
```

```
    test6.obj              /*输入程序目标代码文件*/
    vectors.obj            /*输入中断目标代码文件*/
```

命令链接文件是将链接信息存放在一个文件夹中，这在多次使用同样的链接信息时，可以方便的调用。

4. 主程序 test6.c 文件

```
*******************************************
```

文件名：test6.c

作用：AD 采样程序。

```
*******************************************
```

```c
 #include"register.h"
unsigned int ad[16]={0, 0, 0, 0, 0, 0, 0, 0, 0, 0, 0, 0, 0, 0, 0, 0};
volatile unsigned    int *j;
 int   i=0, read;


/*CPU 初始化函数*/
void cpu_init（void）
{
    SCSR1=0x0284;        /*CLKOUT=2*Fin，使能 ADC 模块和 EVA 的时钟*/
    asm（" setc SXM"）;       /*符号扩展方式位有效*/
    asm（" clrc OVM"）;       /*累加器中结果正常溢出 */
    asm（" clrc CNF"）;       /*B0 块配置为数据空间*/
    WDCR=0x006f;        /* 看门狗不使能*/
SCSR2|=0x0003;
  /* SARAM 即被映射到片内程序空间，又被映射到片内数据空间 */
    WSGR=0x0000;             /* 不插入任何等待周期 */
    IMR=0x0000;             /*屏蔽所有中断*/
   IFR=0xffff;            /*清除所有中断标志*/
}
/*ADC 的初始化函数*/
void ADCinit（）
{
T1CON=0x170C;          /*定时器 1 为连续增计数模式，128 预分频*/
T1PER=0x75;            /*设置定时器 1 的周期寄存器*/
T1CNT=0x0000;          /*设置定时器 1 的计数初值*/
GPTCONA=0x0100;        /*使用定时器 1 启动 ADC 模块*/
EVAIFRA=0xFFFF;        /*清除所有 EVA 的中断标志*/
EVAIMRA=0x0000;        /*不使能 EVA 的所有中断*/


ADCTRL1=0x0010;        /*设置低优先级，级联方式*/
ADCTRL2=0x0504;
```

```
/*中断模式 1，使用 EVA 模块的定时器作为 ADC 排序器的信号启动*/
MAXCONV=0x0F；          /*设置最大的转换通道数*/
CHSELSEQ1=0x0011；        /*设置转换的通道*/
CHSELSEQ2=0x0011；         /*设置转换的通道*/
CHSELSEQ3=0x0011；         /*设置转换的通道*/
CHSELSEQ4=0x0011；         /*设置转换的通道*/
}
/*主函数*/
void main（）
{
    asm（" setc INTM"）；          /*屏蔽所有中断*/
    cpu_init（）；
    ADCinit（）；
    asm（" clrc INTM"）；          /*使能所有未屏蔽中断*/

    T1CON|=0x0040；              /*使能定时器 1*/

    while（1）
    {
      if（i==0x10）break；
    }
    T1CON&=0xFFBF；
    while（1）；
}
 /*ADC 中断服务函数*/
void interrupt ADINT（）
{
    asm（" clrc SXM"）；
    j=RESULT0；
    for（i=0；i<16；i++；j++）
    {
      ad[i]=*j>>6；                /*读 ADC 转换结果*/
      read=ad[i]；
    }
    ADCTRL2|=0x4200；            /*屏蔽所有中断清除中断标志*/
    asm（" clrc INTM"）；
}

/*中断函数*/
void   interrupt nothing（）
```

```
{
    asm（" clrc INTM"）;              /*使能所有未屏蔽中断*/
    return;
}
```

五、实验步骤

① 关闭电源，把 KG 拨到右端，硬件连接如表 6.15 所示。

表 6.15   **硬件连接表**

LF2407A 中 JP1	仿真器的 JTAG 接口
T15	使用短路块接 1，2 引脚
T52	使用短路块接 2，3 引脚
P2.4（AD0）	P3.1（3.3V）
P2.6（AD1）	P3.33（GND）

② 2407EVM 板单独使用时，外 5V 电源接 J2 口，再把 KG 拨到左端（如果 2407EVM 板插在主板上则不需要此步）。

③ 打开 CCS，程序指针指向 0000H。

④ 建一个文件夹，取名为 test6-ADC，把 register.h 存放到该文件夹下面，把 vectors.asm 存放到该文件夹下面。新建一个项目，取名为 test6，加入源文件 test6.c 和 vectors.asm，再加入 test6.cmd 文件，编译连接，然后下载可执行文件 test6.out。

⑤ 下载完毕，打开源程序窗口（test6.c）和变量观察窗口。变量观察窗口可通过单击快捷图标" 📷 "，在"Watch Windows"窗口单击右键，单击"Insert New Expression"，在弹出的窗口 Watch Add Expression 中输入所要观察的变量。首先输入 ad，由于 ad 是数组首址，变量窗口会显示这个首地址，再回车将出现数组 ad 中所有的内容。

⑥ 在"Watch Windows"窗口右键单击"Float In main Window"。

⑦ 为了方便观察，可单击菜单"Windows/Tile"，出现图 6.12 所示的对话框。

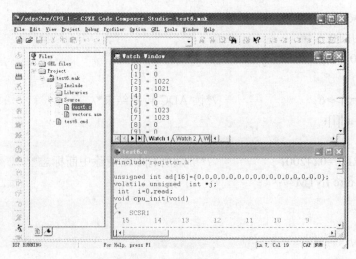

图 6.12　调试观察窗口

在观察窗口右键单击"Refresh watch windows"，可以刷新观察值。其中，ad[0]、ad[1]、ad[4]、ad[5]、ad[8]、ad[9]、ad[12]、ad[13]中存放的是 AD1 通道采样的值，ad[2]、ad[3]、ad[6]、ad[7]、ad[10]、ad[11]、ad[14]、ad[15]中存放的是 AD0 采集进来的值。

计算公式：

$$AD_0 = 3.3 \times (AD[2] + AD[3] + AD[6] + AD[7] + AD[10] + AD[11] + AD[14] + AD[15]) / 8 \times 1023$$

以上理论结果为 3.3V，即等于采样的值。

$$AD_1 = 3.3 \times (AD[0] + AD[1] + AD[4] + AD[5] + AD[8] + AD[9] + AD[12] + AD[13]) / 8 \times 1023$$

以上理论值为 0V，即等于采样的值。

六、实验报告要求

理解 TMS320LF2407A 的 ADC 转换过程，要求写出此实验的 ADC 初始化流程。

实验七　SPI 接口的 DA 转换实验

一、实验目的

① 掌握 TMS320LF2407A SPI 控制器的基本原理。
② 掌握 SPI 相关寄存器的功能。
③ 学会配置 SPI 寄存器，并实现控制 DAC 器件 TLv5618。

二、实验设备

DSP 实验箱、仿真器、PC 机、示波器。

三、实验原理

1. SPI 基本概述
① 4 个外部引脚如下。
SPISOMI：SPI 从动输出/主动输入引脚。
SPISIMO：SPI 从动输入/主动输出引脚。
SPISTE：SPI 从动发送使能引脚。
SPICLK：SPI 串行时钟引脚。
② 两种工作方式：主动/从动工作方式。
③ 比特率：125 种可编程的波特率，在 CPU 时钟方式下，当频率为 40 MHz 时，波特率可达 10 Mbit/s。
④ 数据字长：1～16 个数据位。
⑤ 4 种时钟延时方式包括：
无延时的下降沿；
有延时的下降沿；
无延时的上升沿；
有延时的上升沿。

⑥ 同时接收和发送操作（发送功能可用软件禁止）。

⑦ 发送和接收操作可通过中断或者查询方法来完成。

串行外设接口（SPI）是一个高速同步串行输入输出（I/O）端口，它允许 x240x 系列 DSP 控制器和片外外设或其他控制器进行串行通信，典型的应用包括与外部数字模拟转换器，外部存储器的访问等。在通信过程中，SPI 能够以任意给定的位传输速率对具有可编程长度（1～16 位）的串行比特流进行收发。

2. SPI 寄存器的类型

表 6.16 列出了 SPI 接口寄存器及其地址。

表 6.16   SPI 通信接口寄存器

地 址	寄存器	名 称
7040H	SPICCR	SPI 配置控制寄存器
7041H	SPCICTL	SPI 操作寄存器
7042H	SPISTS	SPI 状态寄存器
7043H	—	保留
7044H	SPIBUF	SPI 波特率寄存器
7045H	—	保留
7046H	SPIRXEMU	SPI 接收仿真缓冲寄存器
7047H	SCIRXBUF	SPI 串行接收缓冲寄存器
7048H	SPITXBUF	SPI 串行发送缓冲寄存器
7049H	SPIDAT	SPI 串行数据寄存器
704AH~704EH	—	保留
704FH	SPIPRI	SPI 优先级控制

3. TLV5618 的 SPI 接口指令集（如表 6.17 所示）

表 6.17   TLV5618 的 SPI 接口指令表

高 4 位				功能说明
D15	D14	D13	D12	
1	X	X	X	SIR（串行接口寄存器）中的数据被写入锁存器 A 中，双缓冲锁存器内容被写入锁存器 B 中
0	X	X	0	SIR 中的数据被写入双缓冲和 B 中
0	X	X	1	SIR 中的数据仅仅被写入双缓冲
X	0	X	X	数据建立时间为 12.5μs
X	1	X	X	数据建立时间为 2.5μs
X	X	0	X	正常工作模式
X	X	1	X	掉电模式

2407EVM 板上的 P5.6（DACOUT1）和 P5.5（DACOUT2）分别是 A 路和 B 路输出。

TLV5618 是带 SPI 接口的 12 位 DA 转换器，有 2 路输出。在串行时钟的下降沿接收 SPI 线上的数据。*DAC* 转换计算机公式为：2×(V_{REFIN})×数值/2048。

4. SPI 接口的 DA 转换实验的实现

① 本例程通过 2407A 的 SPI 串口输出串行数据。该程序通过 SPI 输出一系列递增和递减的数据，由于 TLV5618 是带 SPI 接口的数模转换器，DAC 转换输出一个三角波。硬件连接如图 6.13 所示。

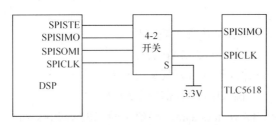

图 6.13　SPI 接口访问图

2407EVM 板上通过短路块选择的引脚如表 6.18 所示。在运用一项中前面打"√"表示本实验例程中方案。

表 **6.18**　　　　　　　　　　　　　　　**2407EVM 板上的选项配置**

2407EVM 板上的名称	表示的引脚	连接表示逻辑	运　　用
T11	x25650 的 WP 引脚	引脚 1，2 短接表示接"1"	不使能写保护
		引脚 2，3 短接表示接"0"	写保护有效
T12	Qs32257 的开关选择脚	引脚 1，2 短接表示接"1"	√　　DSP 与 TLV5618 通信
		引脚 2，3 短接表示接"0"	DSP 与 x25650 通信
T13	x25650 的 CS 引脚	引脚 1，2 短接表示接"1"	x25650 不被选中
		引脚 2，3 短接表示接"0"	x25650 有效
T14	x25650 的 SI 引脚	引脚 1，2 短接表示接"1"	SPI 引导方式
		引脚 1，2 短接表示接"0"	SCI 引导方式
T15	IOPF6	1，2 短接表示接 Display	控制 2407A 插板上的白色二极管
		2，3 表示接 TLV5618 的 CS	√　　TLV5618 有效

② TMS320LF2407A 的 SPI 初始化配置。

2407A 的 SPI 接口的串行时钟有 4 种工作方式：无延时的上升沿、有延时的上升沿、无延时的下降沿、有延时的下降沿。由于 TLV5618 的 SI 引脚是在串行时钟的下降沿接收数据。故 2407A 为了配合 TLV5618 的工作时序，其串行时钟工作方式必须配置在无延时的上升沿或者是有延时的下降沿。

2407A 中数据是以 16 位（字）存放的，X25650 中数据是以 8 位（字节）存放的。2407A 的 SPI 口发送数据是左对齐，接收数据是右对齐的，所以当 2407A 发送低 8 位数据时，必须左移 8 位，接收高 8 位数据时必须左移 8 位。*SPI* 波特率计算机公式为 *CLKOUT*/(*SPIBRR*+1)。

四、实验内容

在这个项目文件夹下面包括 4 个源文件，分别是头文件 register.h、命令链接文件 test7.cmd、源程序代码文件包含中断向量表分配文件 vectors.asm、主程序文件 test7.c。

① 头文件 register.h 可以直接移植。

② 命令链接文件 test7.cmd 中的 MEMORY 存储空间分配和 SECTION 段分配代码可以移植 test2.cmd，需要修改：

```
-o test7.out          /*生成可执行下载文件*/
-m test7.map          /*生成链接 MAP 表*/
test7.obj             /*输入程序目标代码文件*/
vectors.obj           /*输入中断目标代码文件*/
```

③ 中断向量表分配文件 vectors.asm，移植实验二的 vectors.asm，不需要修改。

④ 主程序文件 test7.c。

****

文件名：test7.c

作用：实现 SPI 接口的 DA 转换实验。

****

```c
    #include"register.h"
unsigned   int   send;
 int    flag, flag1;
/*flag: 查询标志；flag1: 减有效标志，取"1"有效，取"0"减无效增有效*/
/*CPU 初始化函数，这里只对与实验有关的关键语句说明*/
void cpu_init（void）
{
    SCSR1=0x0220;              /*时钟频率设置为 20 MHz，使能 SPI 时钟*/
    asm （" setc SXM");        /*符号扩展方式位有效*/
    asm （" clrc OVM");        /*累加器中结果正常溢出 */
    asm （" clrc CNF");        /*B0 块配置为数据空间*/
    WDCR=0x006f;
    SCSR2|=0x0003;
    WSGR=0x0000;
    IMR=0x0000;                /*屏蔽所有中断*/
    IFR=0xffff;                /*清除所有中断标志*/
}
/*SPI 初始化函数*/
void SPIinit（）
{
    SPICCR=0x000F;             /*设置时钟工作方式为无延时的上升沿，发送 16bit 数据*/
```

```
    SPICTL=0x0006;                    /*设置为主模式，发送使能 */
    SPIBRR=0x0013;                    /*波特率设置 BRR=20M/20=1 Mbit/s*/
    MCRB=0x003C;                      /*使能 SPI 功能*/
    MCRC=0xBFFF;                      /*IOPF6 功能*/
    SPICCR|=0x0080;                   /*退出 SPI 软复位*/
}
/*数据传输函数*/
void SPI_TRANS（）
{
  PFDATDIR=（PFDATDIR|0x4000）&0xFFBF;        /* IOPF6 输出 0*/
  SPITXBUF= send;                            /* 发送数据*/

  while（1）
  {
    flag=SPISTS&0x40;                    /* 以查询方式等待数据发送成功*/
    if(flag==0x40)break;
  }
  SPIRXBUF=SPIRXBUF;                      /*读接收缓冲区，清中断标志*/

  PFDATDIR|=0x0040;                      /*IOPF6 输出"1"，5618 内部锁住控制*/
}

void main（）
{
    cpu_init（）;
    SPIinit（）;

    flag1=0x00;
      send=0x8000;          /*DACOUT1 输出 */
    /* send=0x00;               DACOUT2 输出*/

    while（1）
    {
      if（flag1==0x00）send++;           /* DACOUT1 输出▲波形*/
      else            send--;
if（send==0x8800）flag1=0x0001;
/*当数值记到 2048，DAC 转换结果为（2*2048/4069）*5V=5V 时，减标志有效*/
if（send==0x8000）flag1=0x0000;
/*当数值记到 0，DAC 转换结果为（2*0/4069）*5V=0V 时，减标志无效*/
      SPI_TRANS（）;
```

```
        }
    }
/*中断服务函数*/
void    interrupt nothing（）
{
    return；
}
```

五、实验步骤

① 关闭电源，把 KG 拨到右端，硬件连接如表 6.19 所示。

表 6.19   **硬件连接表**

LF2407A 中 JP1	仿真器的 JTAG 接口
T52	使用短路块接 2，3 引脚
T12	使用短路块接 1，2 引脚
T15	使用短路块接 2，3 引脚

② 2407EVM 板单独使用时，外 5V 电源接 J2 口，再把 KG 拨到左端（如果 2407EVM 板插在主板上则不需要此步）。

③ 打开 CCS，程序指针指向 0000H。

④ 新建一个文件夹，取名为 test7-SPI1，把实验二中 register.h 复制到该文件夹下面（可以直接移植）、把 vectors.asm 复制到该文件夹下面（可以直接移植）。新建一个项目，取名为 test7，加入源文件 test7.c 和 vectors.asm，再加入 test7.cmd 文件（该 cmd 文件的编写要求参考实验二的 test2.cmd 文件，自己编写），编译连接，然后下载可执行文件 test7.out。

⑤ 下载完毕，单击运行图标"❖"。用示波器观察 P5.6（DACOUT1）处的波形应当是 ▲波形。

六、实验报告要求

① 读懂 SPI 访问的初始化流程，要求写出整个的流程。

② 根据 TLV5618 的 SPI 接口指令集，实现从 P5.5（DACOUT2）中输出▲波形。写出程序代码。

七、思考题

① 根据 TLV5618 的 SPI 接口指令集，能否使两个通道同时输出▲波形？为什么？

② 怎样分别实现在通道 DACOUT1 输出一个正向锯齿波，DACOUT2 输出一个负向锯齿波？

实验八　利用 SPI 对外部 EEPROM 读写访问

一、实验目的

① 巩固 TMS320LF2407A 的 SPI 接口基本原理。

② 了解一些 SPI 接口的 EEPROM 存储器。

③ 学会编写 SPI 接口的读写访问函数，并对外部存储器件进行访问。

二、实验设备

DSP 实验箱、仿真器、PC 机。

三、实验原理

1. SPI 基本概述

有关 SPI 的基本知识可以参考实验七，这里不再叙述。

2. 带 SPI 接口的 EEPROM 存储器介绍

① X25650 的功能引脚描述如表 6.20 所示。

表 6.20　　　　　　　　　　　　　　X25650 的功能引脚描述表

CS 片选引脚	芯片选择输入
SO 串行输出	串行数据输出引脚。在一个读循环过程中，数据从此引脚移出，数据输出锁存在串行时钟的下降沿
SI 串行输入	串行数据输入引脚。所有指令、地址、数据都可以通过此引脚写入到此存储器中，数据锁存在串行时钟的上升沿
SCK 串行时钟	串行时钟控制串行输入输出数据的时序
WP 写保护引脚	当 WP 接高时，可以进行写操作；当 WP 为低将中断操作状态寄存器
HOLD 输入引脚	此引脚应当接高

X25650 是带标准 SPI 接口的 EEPROM 存储器，它的存储容量是 $8K \times 8$ bit，最高时钟频率位 5 MHz，电源电压范围为 2.5～5.5 V，正常工作消耗电流小于 5mA。

② 标准 SPI 接口有接口指令集，如表 6.21 所示。

表 6.21　　　　　　　　　　　　　　X25650 的接口指令集

指令名	指令格式	功能说明
WRSR	1	写状态寄存器
WRITE	2	以字写或者页写方式写数据到内存空间
READ	3	从内存空间读数据
WRDI	4	不使能写操作
RDSR	5	读状态寄存器
WREN	6	使能写操作

3. TMS320LF2407A（以下简称为 2407A）通过 SPI 接口访问外部 EEPROM 的实现

① 本例程是 2407A 通过 SPI 接口访问外部 EEPROM，硬件连接如图 6.14 所示。

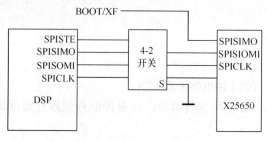

图 6.14　SPI 接口访问图

2407EVM 板上通过短路块选择的引脚如表 6.22 所示。在运用一项中前面打 "✓" 表示本实验例程中方案。

表 6.22　　　　　　　　　　　　　　2407EVM 板上的选项配置

2407EVM 板上的名称	表示的引脚	连接表示逻辑	运 用	
T11	X25650 的 WP 引脚	引脚 1，2 短接表示接 "1"	✓	不使能写保护
		引脚 2，3 短接表示接 "0"		写保护有效
T12	Qs32257 的开关选择脚	引脚 1，2 短接表示接 "1"		DSP 与 TLc5618 通信
		引脚 2，3 短接表示接 "0"	✓	DSP 与 X25650 通信
T13	X25650 的 CS 引脚	引脚 1，2 短接表示接 "1"		X25650 片选控制端
		引脚 2，3 短接表示接 "0"		X25650 片选控制端
T14	X25650 的 SI 引脚	引脚 1，2 短接表示接 "1"	✓	SPI 引导方式
		引脚 1，2 短接表示接 "0"		SCI 引导方式
T15	IOPF6	1，2 短接表示接 Display		控制 2407A 插板上的红色二极管
		2，3 表示接 TLC5618 的 CS		TLC5618 有效

② TMS320LF2407A 的 SPI 初始化配置。

2407A 的 SPI 接口的串行时钟有 4 种工作方式：无延时的上升沿、有延时的上升沿、无延时的下降沿、有延时的下降沿。由于 X25650 的 SI 引脚是在串行时钟的上升沿接收数据，SO 在串行时钟的下降沿发送数据。故 2407A 为了配合外部 EEPROM 存储器 X25650 的工作时序，其串行时钟工作方式必须配置在有延时的上升沿或者是无延时的下降沿。

2407A 有 125 种可编程的波特率，由于 X25650 的最大工作频率为 5 MHz，故 2407A 的 SPI 波特率配置必须小于 5 MHz，实验中配置的波特率为 1 MHz。

2407A 中数据是以 16 位（字）存放的，X25650 中数据是以 8 位（字节）存放的。2407A 的 SPI 口发送数据是左对齐，接收数据是右对齐的，所以当 2407A 发送低 8 位数据时，必须左移 8 位，接收高 8 位数据时必须左移 8 位。

四、实验内容

在这个项目文件夹下面包括 4 个源文件，分别是头文件 register.h、命令链接文件 test8. cmd、源程序代码文件包含中断向量表分配文件 vectors.asm、主程序文件 test8.c。

　　① 头文件 register.h 可以直接移植。

　　② 命令链接文件 test8.cmd 中的 MEMORY 存储空间分配和 SECTION 段分配代码可以移植 test2.cmd，需要修改：

```
-o test8.out          /*生成可执行下载文件*/
-m test8.map          /*生成链接 MAP 表*/
test8.obj             /*输入程序目标代码文件*/
vectors.obj           /*输入中断目标代码文件*/
```

　　③ 中断向量表分配文件 vectors.asm，移植实验二的 vectors.asm，不需要修改。

　　④ 主程序文件 test8.c。

****

文件名：test8.c

作用：实现 SPI 读写访问外部 EEPROM。

****

```c
    #include"register.h"
/*宏定义*/
#define    read_num       32              /*  页写数据必须小于 32*/
#define    WRSR          0x0001
#define    WRITE         0x0002
#define    READ          0x0003
#define    WRDI          0x0004
#define    RDSR          0x0005
#define    WREN          0x0006

unsigned int SPI_Xdata,SPI_read=0;
unsigned int flag=0,flag1=0,write_enable=0;
unsigned int write_state,read_state;
unsigned int send_data;
unsigned int send[read_num],rece[read_num];
/*声明函数*/
void SPIinit（）;
void SPI_TRANS（）;
void Read_Wip（）;
void Byte_write（unsigned int Address）;
void Page_write（unsigned int Address）;
void Read（unsigned int Address）;
void SPIinsct（unsigned int instruction）;
/*CPU 初始化函数，这里只对与实验有关的关键语句说明*/
void cpu_init（void）
{
```

```
        SCSR1=0x0220;               /*时钟频率设置为 20 MHz,使能 SPI 时钟*/
        asm ("clrc SXM");           /*符号扩展方式位无效*/
        asm ("clrc OVM");           /*累加器中结构正常溢出 */
        asm ("clrc CNF");           /*B0 块配置为数据空间*/
        WDCR=0x006f;
        SCSR2|=0x0003;
        WSGR=0x0000;
        IMR=0x0000;                 /*屏蔽所有中断*/
        IFR=0xffff;                 /*清除所有中断标志*/
}
 /*中断服务函数*/
void   interrupt nothing ()
{
        return;
}
/*SPI 初始化函数*/
void SPIinit ()
{
        SPICCR=0x0047;              /*设置时钟工作方式为无延时的下降沿,发送 8 bit
                                       数据*/
        SPICTL=0x0006;              /*设置为主模式,发送使能 */
        SPIBRR=0x0013;              /*波特率设置 BRR=20M/20=1Mbit/s*/
        MzCRB=0x003C;               /*使能 SPI 功能*/

        SPICCR|=0x0080;             /*退出 SPI 软复位*/
}
/*字写方式*/
void   Byte_write(unsigned int Address)
{
        asm ("clrc XF");            /*XF 输出 0*/

        SPI_TRANS ();               /*调用传输函数*/

        SPI_Xdata=Address;          /*发送写数据的起始地址的高 8 bit*/
        SPI_TRANS ();               /*调用传输函数*/
        SPI_Xdata= (Address<<8);    /*发送写数据的起始地址的低 8 bit*/
        SPI_TRANS ();               /*调用传输函数*/

        SPI_Xdata=send_data;        /*发送写的 1 字节数据*/
        SPI_TRANS ();               /*调用传输函数*/
```

```
        asm（" setc XF"）;                      /*XF 输出 1*/
}
/*页写方式*/
void    Page_write（unsigned int Address）
{
        unsigned int i;
        asm（" clrc XF"）;                      /*XF 输出 0*/

        SPI_TRANS（）;                          /*调用传输函数*/

        SPI_Xdata=Address;                     /*发送写数据的起始地址的高 8 bit*/
        SPI_TRANS（）;                          /*调用传输函数*/
        SPI_Xdata=（Address<<8）;               /*发送写数据的起始地址的低 8 bit*/
        SPI_TRANS（）;                          /*调用传输函数*/

        for（i=0; i<read_num; i++）             /*页写方式发送数据，一次发送小于 32 字节
*/
        {
         SPI_Xdata=send[i]<<8;
         SPI_TRANS（）;
        }
        asm（" setc XF"）;                      /*XF 输出 1*/
}
/*数据传输函数*/
void SPI_TRANS（）                             /* SPI_Xdata 为传入参数*/
{
        SPITXBUF= SPI_Xdata;
    while（1）
    {
       flag=SPISTS&0x40;                       /* 以查询方式等待数据发送成功*/
       if（flag= =0x40）break;
    }
        SPI_read=SPIRXBUF;                     /* 读接收缓冲器，清除中断标志*/
}
/*读数据函数*/
void    Read（unsigned int Address）
{
        unsigned int i;
        asm（" clrc XF"）;                      /* XF 输出 0*/
```

```
        SPI_TRANS（）;                    /*调用传输函数*/

        SPI_Xdata=Address;               /*发送读数据的起始地址的高 8 bit*/
        SPI_TRANS（）;                    /*调用传输函数*/
        SPI_Xdata=（Address<<8）;          /*发送读数据的起始地址的低 8 bit*/
        SPI_TRANS（）;                    /*调用传输函数*/

        for（i=0；i<read_num；i++）          /*读入 read_num 个数据*/
        {
            SPI_TRANS（）;
            rece[i]=SPI_read;             /*存储数据*/
        }
        asm（" setc XF"）;                  /*XF 输出 1*/
}
/*SPI 接口指令函数*/
void SPIinsct（unsigned int instruction）
{
    SPI_Xdata=instruction<<8;            /*发送低 8 位数据*/
    switch（instruction）
    {
        case 1:
                break;

        case 2:    /*以字写或者页写方式写数据到内存空间*/
                if（write_enable）          /*如果写数据标志被使能*/
                {
                if（!flag1）   Byte_write（0x0000）;    /*页写标志为 "0"，字写方式*/

                else         Page_write（0x0000）;    /*页写标志为 "1"，页写方式*/
                }
                break;

        case 3:    /*从内存空间读数据*/
                Read（0x0000）;
                break;

        case 4:    /*不使能写操作*/
                write_enable=0x0;
                break;
```

```
        case 5:      /*读状态寄存器*/
                break;

        case 6:      /*使能写操作*/
                asm（" clrc XF"）;              /* XF 输出 0*/
                SPI_TRANS（）;
                asm（" setc XF"）;              /* XF 输出 1*/
                write_enable=0x01;          /* 使能写数据标志*/
                break;

    default: break;
    }
}
unsigned int i=0;
/*主函数*/
void   main（）
{
  unsigned int i，kk;
        cpu_init（）;
SPIinit（）;

        flag1=1;                    /*使能页写标志*/
        for（i=0；i<read_num；i++）     /* 写小于 32 字节数据到 EEPROM 中*/
        {
            send[i]=i;
        }
        SPIinsct（WREN）;              /*写使能*/
        SPIinsct（WRITE）;             /* 写数据*/

for（kk=0；kk<10000；kk++）;          /* 延时*/

        SPIinsct（READ）;             /*读写入的数据*/

        while（1）;                  /*完成操作*/
}
```

五、实验步骤

① 关闭电源，把 KG 拨到右端，硬件连接如表 6.23 所示。此时 T13 和 T15 不连接。

表 6.23   硬件连接表

LF2407A 中 JP1	仿真器的 JTAG 接口
T52	使用短路块接 2, 3 引脚
T11	使用短路块接 1, 2 引脚
T12	使用短路块接 2, 3 引脚
T14	使用短路块接 1, 2 引脚

② 2407EVM 板单独使用时，外 5V 电源接 J2 口，再把 KG 拨到左端（如果 2407EVM 板插在主板上则不需要此步）。

③ 打开 CCS，程序指针指向 0000H。

④ 新建一个文件夹，取名为 test8-SPI2，把实验二中 register.h 复制到该文件夹下面（可以直接移植）、把 vectors.asm 复制到该文件夹下面（可以直接移植）。新建一个项目，取名为 test8，加入源文件 test8.c 和 vectors.asm，再加入 test8.cmd 文件（该 cmd 文件的编写要求参考实验二的 test2.cmd 文件，自己编写），编译连接，然后下载可执行文件 test8.out。

⑤ 下载完毕，打开源程序窗口（test8.c）和变量观察窗口。变量观察窗口可通过单击快捷图标"🚐"，在"Watch Windows"窗口单击右键，单击"Insert New Expression"，在弹出的窗口"Watch Add Expression"中输入所要观察的变量。首先输入"rece"，由于 rece 是数组首址，变量窗口会显示这个首地址，再回车将出现数组 rece 中所有的内容。

⑥ 在"Watch Windows"窗口右键单击"Float In main Window"。

⑦ 为了方便观察，可单击菜单"Windows/Tile"，出现图 6.15 所示的对话框。

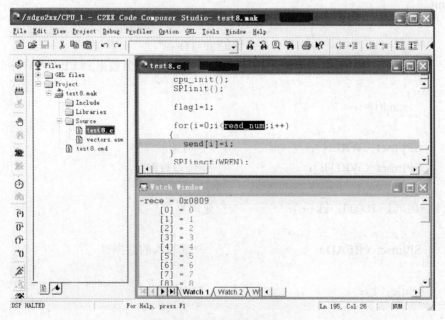

图 6.15 调试观察窗口

⑧ 可以单击运行图标"🏃"，观察数组 rece 中内容的变化。将会发现读出的 rece 数组中存放的数据从 0～31，这正是发送 send 数组中的数据。

⑨ 在 test8.c 中的到标签的高亮语句 "send[i]=i;"。改为："send[i]= read_num-i;"。编译链接并下载。再次单击运行图标 "2"，观察数据，这时读出的 rece 数组中存放的数据从 32~1，正是更改 send 数组内容后发送的数据。

六、实验报告要求

① 读懂 SPI 访问外部 EEPROM 的观察，要求写出整个的流程。
② 要求更改程序代码实现写入 128 字节数据并验证所写入的数据写入 EEPROM 中。

七、思考题

在程序中换一种时钟工作方式能否顺利对 EEPROM 进行读写？

实验九 SCI 异步串行通信实验

一、实验目的

① 掌握 TMS320LF2407A SCI 控制器的基本原理。
② 掌握 SCI 相关寄存器的功能。
③ 学会配置 SCI 寄存器，并实现与 PC 机的数据传输。

二、实验设备

DSP 实验箱、仿真器、PC 机。

三、实验原理

1. SCI 基本概述
① 两个外部引脚如下。
SCITXD：SCI 发送数据引脚。
SCIRXD：SCI 接收数据引脚。
② 通过一个 16 位的波特率选择寄存器，可编程位 64 K 种不同速率的波特率；在 40 MHz 的 CPU 时钟方式下，波特率范围从 76 bit/s~1 875 kbit/s。
③ 数据格式：一个起始位；1~8 位可编程数据长度；可选择的奇/偶/无校验位；一个或者两个停止位。
④ 4 种错误检测标志位：奇偶错、超时、帧出错或间断检测。
⑤ 两种唤醒多处理器方式：空闲线或地址位唤醒。
⑥ 半双工或全双工操作。
⑦ 双缓冲的接收和发送功能。
⑧ 发送和接收的操作可以利用状态位通过中断驱动或查询算法来完成。
⑨ 发送器和接收器的中断位可独立使能（除 BRKDT 外）。
2. SCI 寄存器的类型
表 6.24 所示为串行通信接口寄存器及其地址。

表 6.24   SCI 通信接口寄存器及其地址

地　　址	寄存器	名　　称	描　　述
7050H	SCICCR	SCI 通信控制寄存器	定义 SCI 的使用字符格式、协议和通信
7051H	SCICTL1	SCI 控制器 1	控制 RX/TX 和接收错误中断使能等
7052H	SCIHBAUD	SCI 波特率高 8 位	保存产生波特率所需要的高 8 位数据
7053H	SCILBAUD	SCI 波特率低 8 位	保存产生波特率所需要的低 8 位数据
7054H	SCICTL2	SCI 控制器 2	控制中断使能和包含发送器发送标志
7055H	SCIRXST	SCI 接收状态寄存器	包括 7 个接收器的状态
7056H	SCIRXEMU	SCI 仿真数据缓冲	包括用于屏幕更新, 主要用于仿真
7057H	SCIRXBUF	SCI 接收数据缓冲	接收来自接收器移位的当前数据
7058H	—	保留	保留
7059H	SCITXBUF	SCI 发送数据缓冲	保存被 SCITX 发送的数据
705AH～705EH	—	保留	保留
705FH	SCIPRI	SCI 优先级控制	设置优先级

3. SCI 异步串行通信的实现

本例程是 2407A 通过 232 串口实现与 PC 机的异步串行通信,过程如图 6.16 所示。

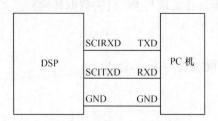

图 6.16　SCI 接口异步通信图

例程中 SCI 模块的波特率配置如表 6.25 所示。

表 6.25   CAN 模块的位时间配置

SCIHBAUD	SCILBAUD	波特率
0x10	0x46	600 bit/s

设置波特率:

$$SCI\ 异步波特率 = CLKOUT/(BRR+1) \times 8$$

四、实验内容

在这个项目文件夹下面包括 4 个源文件,分别是头文件 register.h、命令链接文件 test9.cmd、源程序代码文件包含中断向量表分配文件 vectors.asm、主程序文件 test9.c。

① 头文件 register.h 可以直接移植。

② 命令链接文件 test9.cmd 中的 MEMORY 存储空间分配和 SECTION 段分配代码可以移植 test2.cmd,需要修改:

```
-o test9.out          /*生成可执行下载文件*/
-m test9.map          /*生成链接 MAP 表*/
test9.obj             /*输入程序目标代码文件*/
vectors.obj           /*输入中断目标代码文件*/
```

③ 中断向量表文件 vectors.asm，移植实验二的 vectors.asm。需要修改的地方如表 6.26 所示。

表 6.26　　　　　　　　　　　　　中断向量表修改的内容

	实验二的 vectors.asm 中内容	实验九的 vectors.asm 中内容
修改语句	.ref _c_int0, _nothing	.ref _c_int0, _nothing, _SCIINT
修改语句	int5: B _nothing	int5: B _SCIINT
其他	语句可以直接移植	

每一条无条件跳转汇编语句占用 2 字的程序空间，6 个按优先级获得服务的可屏蔽中断为 INT1～INT6、5 个不可屏蔽中断、21 个软件中断一共 32 个中断，占用 64 字空间，分别存放程序空间从 0000H～0040H 的位置。

④ 主程序文件 test9.c。

```
**********************************************************
文件名：test9.c
作用：实现 SCI 与 PC 机的全双工通信。
**********************************************************
    #include"register.h"
/*CPU 初始化函数，这里只对与实验有关的关键语句说明*/
void cpu_init（void）
{
    SCSR1=0x0240;           /*时钟频率设置为 20 MHz，使能 SCI 时钟*/
    asm（" setc SXM"）;       /*符号扩展方式位有效*/
    asm（" clrc OVM"）;       /*累加器中结果正常溢出 */
    asm（" clrc CNF"）;       /*B0 块配置为数据空间*/
    WDCR=0x006f;
    SCSR2|=0x0003;
    WSGR=0x0000;
    IMR=0x0000;             /*屏蔽所有中断*/
    IFR=0xffff;             /*清除所有中断标志*/
}
/*SCI 初始化函数*/
void SCIinit（）
{
    MCRA=0x0003;           /*使能 SCIRX 和 SCITX */
    PADATDIR=0x100;         /*SCITX 发送输出*/
```

```
        SCICCR=0x07；              /*SCI 发送字符长度为 8 位*/
        SCICTL1=0x03；             /*SCI 发送器接收器使能*/
        SCICTL2=0x03；             /*SCI 发送中断和接收中断使能*/
        SCIHBAUD=0x10；            /* BTL=2400 bit/s SCIHBAUD=0x04，SCILBAUD=0x11
                                      BTL=1200 bit/s SCIHBAUD=0x08，SCILBAUD=0x22
                                      BTL=600 bit/s   SCIHBAUD=0x10，SCILBAUD=0x46
                                      BTL=4800 bit/s   SCIHBAUD=0x02，SCILBAUD=0x07*/
        SCILBAUD=0x46；
        SCIPRI=0x60；              /*SCI 设置低优先级*/
        SCICTL1=0x23；             /*SCI 配置有效*/
        IMR=0x10；                 /*使能 INT5 中断*/
}
/*主函数*/
void main()
{
        asm（" setc INTM"）；        /*关所有中断*/
        cpu_init（）；
        SCIinit（）；
        asm（" clrc INTM"）；        /*所有未屏蔽中断有效*/

        SCITXBUF=' '；              /*发送器不为空*/

        while（1）                  /*主函数不实现任何功能*/
        {
        }
}
 /*SCI 发送中断相应函数*/
void UartSend（）
{
        static int i=（）；
static int
send[16]={0x00，0x11，0x22，0x33，0x44，0x55，0x66，0x77，0x88，0x99，0xAA，
0xBB，0xCC，0xDD，0xEE，0xFF}；
        SCITXBUF=send[i++]；         /*发送 16 个字节数据*/
         if(i>15)i=0；
        IFR=0x0010；
}
/*SCI 接收中断相应函数*/
void UartRece（）
{
```

```
        static int receive[16]，j=0;
        receive[j]=SCIRXBUF;                    /*从接收缓冲器中接收数据*/
        j++;
        if（j>15）j=0;
        IFR=0x0010;
    }
    /*SCI 中断函数*/
    void interrupt SCIINT（）
    {
        switch（PIVR）
        {
            case 6: UartRece（）; break;          /*执行 SCI 接收中断功能*/
            case 7: UartSend（）; break;          /*执行 SCI 发送中断功能*/
            default:            break;
        }
        asm（" clrc INTM"）;                     /*使能所有未屏蔽中断*/
        return;
    }
    /*中断服务函数*/
    void   interrupt nothing（）
    {
        asm（" clrc INTM"）;                     /*使能所有未屏蔽中断*/
        return;
    }
```

五、实验步骤

① 关闭电源，把 KG 拨到右端，硬件连接如表 6.27 所示。

表 6.27　　　　　　　　　　　　硬件连接表

LF2407A 中 JP1	仿真器的 JTAG 接口
计算机串口 1（2）	2407EVM 的串口
T52	使用短路块接 2，3 引脚

② 2407EVM 板单独使用时，外 5V 电源接 J2 口，再把 KG 拨到左端（如果 2407EVM 板插在主板上则不需要此步）。

③ 打开 CCS，程序指针指向 0000H。

④ 新建一个文件夹，取名为 test9-SCI，把实验二中 register.h 复制到该文件夹下面（可以直接移植）、把 vectors.asm 复制到该文件夹下面（需要稍做修改）。新建一个项目，取名为 test9，加入源文件 test9.c 和 vectors.asm，再加入 test9.cmd 文件（该 cmd 文件的编写要求参考实验二的 test2.cmd 文件，自己编写），编译连接，然后下载可执行文件 test9.out。

⑤ 下载完毕，打开 4 个窗口：反汇编窗口（Dis-Assembly）、源程序窗口（test9.c）、命令文件窗口（test9.cmd）、数据观察窗口（Memory Data）。数据观察窗口可通过单击快捷图标"□"，在出现的对话框中 Address：填写"**0x0200**"，Page 页选择"DATA"。然后单击"OK"按钮。

⑥ 为了方便观察，可单击菜单"Windows/Tile"，出现图 6.17 所示的对话框。

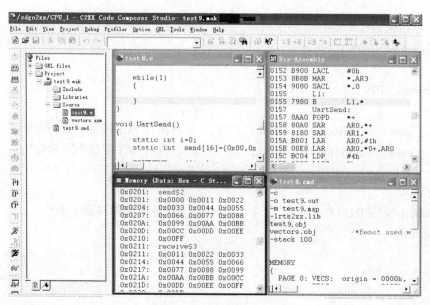

图 6.17 调试观察窗口

⑦ 在 SCI 发送中断函数处"SCITXBUF=send[i++]；"设置一个断点，可以通过单击"🖑"来设置中断。

⑧ 安装"DSP 2407 系统上位机软件"（如果已经安装，此步取消），安装好后，打开"DSP 2407 系统上位机软件"，设置正确的串口，设置与实验一样的波特率，本实验的波特率设置为 600 bit/s。8 位数据，1 位停止位，无奇偶校验位。单击 打开串口 按钮。在发送区可以单击 读取数据 按钮，读入 test9 项目下的"2407a 接收文本"中的内容，选中 □ 自动发送，再按下 自动传送 按钮。在接收区中将显示接收 DSP 发送的字节。当数据接收一定量时，可以单击 清空显示 按钮。

⑨ 单击 CC C2000 的运行图标"🐾"，运行 DSP 程序。观察"DSP 2407 系统上位机软件"的接收区接收 DSP 发送的内容。

⑩ 观察串口调试器中的接收框中接收的数据是否与图 6.17 中数据观察窗口（Memory Data）中的 send（起始地址 0x0201）处的数据一致；观察串口调试器中的发送框中发送的数据是否与图 6.17 中数据观察窗口（Memory Data）中的 receive（起始地址 0x0211）处的数据一致。它们是否同时更新。

六、实验报告要求

① 读懂 SCI 实现异步串行通信的过程，要求写出整个的流程。

② 要求更改程序代码实现与 PC 机通信速率分别为 300 bit/s 和 1 200 bit/s 的全双工通信。

实验十　CAN 实验

一、实验目的

① 掌握 TMS320LF2407A CAN 控制器的基本原理。
② 掌握 CAN 相关寄存器的功能。
③ 学会配置 CAN 寄存器，并实现数据传输。

二、实验设备

DSP 实验箱、仿真器、PC 机。

三、实验原理

1. CAN 基本概述

CAN 控制器模块是一个完全的 CAN 控制器，该控制器是一个 16 位的外设模块。可以访问如下资源。

① 控制/状态寄存器：CPU 对控制/状态寄存器执行 16 位的访问。在读周期，CAN 外设总是为 CPU 总线提供完整的 16 位数据。

② 邮箱 RAM：从邮箱 RAM 写/读总是以字为单位（16 位），并且 RAM 总是为总线提供 16 位字。

2. CAN 寄存器的类型

（1）CAN 邮箱寄存器

在 CAN 帧被传输之前，邮箱 RAM 保存这些帧。每个邮箱都有邮箱标识寄存器、邮箱控制寄存器和 4 个 16 位寄存器存储空间，邮箱寄存器地址如表 6.28 所示。这些 16 位寄存器可存储最大 8 字节数据（MBXnA、MBXnB、MBXnC 和 MBXnD）。当它们不用于存储邮箱的信息时，可以作 CPU 的一般存储器使用。

表 6.28　　　　　　　　　　CAN 模块邮箱寄存器地址列表

寄存器	邮箱					
	MBOX0	MBOX1	MBOX2	MBOX3	MBOX4	MBOX5
MSGIDnL	7200H	7208H	7210H	7218H	7220H	7228H
MSGIDnH	7201H	7209H	7211H	7219H	7221H	7229H
MSGCTRLn	7202H	720AH	7212H	721AH	7222H	722AH
保留位						
MBXnA	7204H	720CH	7214H	721CH	7224H	722CH
MBXnB	7205H	720DH	7215H	721DH	7225H	722DH
MBXnC	7206H	720EH	7216H	721EH	7226H	722EH
MBXnD	7207H	720FH	7217H	721FH	7227H	722FH

（2）CAN 控制寄存器

CAN 控制器共有 15 个 16 位的控制寄存器，如表 6.29 所示。这些寄存器控制着 CAN 的位定时器、邮箱的发送或接收使能、错误状态及 CAN 的中断等。

表 6.29　　　　　　　　　　　　CAN 控制寄存器的地址与功能表

地　址	名　称	描　述
7100H	MDER	邮箱方向/使能控制寄存器
7101H	TCR	发送控制寄存器
7102H	RCR	接收控制寄存器
7103H	MCR	主控制寄存器
7104H	BCR2	位定时器配置寄存器 2
7105H	BCR1	位定时器配置寄存器 1
7106H	ESR	错误状态寄存器
7107H	GSR	全局状态寄存器
7108H	CEC	CAN 错误寄存器
7109H	CAN_IFR	中断标志寄存器
710AH	CAN_IMR	中断屏蔽寄存器
710BH	LAM0_H	对于邮箱 0 和 1 的局部接收屏蔽高位寄存器
710CH	LAM0_L	对于邮箱 0 和 1 的局部接收屏蔽低位寄存器
710DH	LAM1_H	对于邮箱 2 和 3 的局部接收屏蔽高位寄存器
710EH	LAM1_L	对于邮箱 2 和 3 的局部接收屏蔽低位寄存器
710FH	保留位	

3. CAN 自测模式的实现

在自测模式下 CAN 控制器能够自己产生应答信号，因此，不需要与 CAN 总线相接，信息帧没有真正地发送出去，而是信息帧被读出，并存储在相应的邮箱中。将主控制器 MCR 的 STM 位置 1，可以使 CAN 控制器工作于自测模式。

例程中 TMS320LF2407A 的 CAN 控制器的邮箱 2 配置为接收方式，邮箱 3 配置为发送方式，都采用标准信息帧格式，发送使用查询方式，接收使用中断方式，邮箱 2 收到数据后，采用加 1 来更新邮箱 3 中的数据，并进行下一次发送。邮箱 3 中初始发送的数据分别是 0x0123、0x4567、0x89AB、0xCDEF 这 4 字数据。

例程中 CAN 模块的位时间配置如表 6.30 所示。

表 6.30　　　　　　　　　　　　CAN 模块的位时间配置

TSEG1	TSEG2	位时间	BPR	SJW	SBG	波特率
15	7	25	4	0	0	160 K

设置波特率：

$$I_{clk} / \left[(BRP+1) \times BitTime \right] = I_{clk} / \left[(BRP+1) \times (TSEG1+1) \times (TSEG2+1) + 1 \right]$$

I_{clk}：CAN 模块的时钟频率，这里设置为 20 MHz；

$BitTime$（位时间）$= (BRP+1) \times (TSEG1+1) \times (TSEG2+1)$，也即为每个位的时间段包含的 TQ（时间量化长度）的数量。

BRP：波特率预定标器。

四、实验内容

在这个项目文件夹下面包括 5 个源文件，分别是头文件 register.h、命令链接文件 test10. cmd、源程序代码文件包含中断向量表分配文件 vectors.asm、CAN 初始化文件 CAN_INIT.c、主程序文件 test10.c。

① 头文件 register.h 可以直接移植。

② 命令链接文件 test10.cmd 中的 MEMORY 存储空间分配和 SECTION 段分配代码可以移植实验二的 test2.cmd，需要修改：

```
-o test10.out            /*生成可执行下载文件*/
-m test10.map            /*生成链接 MAP 表*/
test10.obj               /*输入程序目标代码文件*/
vectors.obj              /*输入中断目标代码文件*/
```

③ 中断向量表分配文件 vectors.asm，移植实验二的 vectors.asm。需要修改的地方如表 6.31 所示。

表 6.31　　　　　　　　　　　　　　　　中断向量表修改内容

	实验二的 vectors.asm 中内容	实验十的 vectors.asm 中内容
修改语句	.ref　_c_int0，_nothing	.ref　_c_int0，_nothing，_CANINT
修改语句	int5:　　B　　_nothing	int5:　　B　　_CANINT
其他	语句可以直接移植	

每一条无条件跳转汇编语句占用 2 字的程序空间，6 个按优先级获得服务的可屏蔽中断为 INT1～INT6、5 个不可屏蔽中断、21 个软件中断一共 32 个中断，占用 64 字空间，分别存放程序空间从 0000H～0040H 的位置。

④ CAN 初始化文件 CAN_INIT.c。

```
********************************************************
文件名：CAN_INIT.c
作用：实现 CAN 的初始化配置。
********************************************************

  #include"register.h"

void CANinit（）;                 /*对 CANinit()函数进行声明*/
/*CAN 初始化函数*/
void CANinit（）
{

    MCRB|=0x00C0;                 /*使能 CANRX 和 CANTX*/
    CANIFR=0xFFFF;                /*清除所有 CAN 中断标志*/

    CANLAM1H=0x7FFF;             /*设置邮箱 2 和 3 的局部接收屏蔽标志*/
```

```
    CANLAM1L=0xFFFF;                  /*这里设置不匹配接收*/
    CANMCR=0x1040;                    /*设置 CCR=1，开始配置邮箱*/
    while（CANGSR&0x0010= =0）;       /*等待直到 CCE=1*/
    CANBCR2=0x04;                     /*设置 BPR =4*/
    CANBCR1=0x7F;                     /*  设置 TSEG1=15、TSEG2=7、BitTime=25*/
    /*波特率=20M/（（BPR+1）* BitTime）=160 kbit/s */
    CANMCR&=0xEFFF;                   /*CCR=0，配置结束*/
    while（CANGSR&0x0010!=0）;         /*等待直到 CCE=0，配置才成功*/
    CANMDER=0x0040;                   /*设置邮箱 2 接收，邮箱 3 发送*/
    CANMCR=0x0143;                    /*数据域改变请求*/
    /*开始操作邮箱 2 的邮箱寄存器*/
    CANMSGID2H=0x2447;                /*设置 AAM=1，11 位标志符为 00100010001*/
    CANMSGID2L=0xFFFF;                /*在标志方式下无效*/
    CANMSGCTRL2=0x08;                 /*配置为数据帧，发送 8 字节数据*/

    CANMBX2A=0x0000;                  /*初始化数据为 0*/
    CANMBX2B=0x0000;                  /*初始化数据为 0*/
    CANMBX2C=0x0000;                  /*初始化数据为 0*/
    CANMBX2D=0x0000;                  /*初始化数据为 0*/
    /*开始操作邮箱 3 的邮箱寄存器*/
    CANMSGID3H=0x2447;                /*设置 AAM=1，11 位标志符为 00100010001*/
    CANMSGID3L=0xFFFF;                /*在标志方式下无效*/
    CANMSGCTRL3=0x08;                 /*配置为数据帧，发送 8 字节数据*/
    CANMBX3A=0x0123;                  /*初始化数据为 0x0123*/
    CANMBX3B=0x4560;                  /*初始化数据为 0x4567*/
    CANMBX3C=0X89AB;                  /*初始化数据为 0x89AB*/
    CANMBX3D=0XCDEF;                  /*初始化数据为 0xCDEF*/

    CANMCR=0x04C0;                    /*数据按照 0～7 顺序发送，自测模式 */
    CANMDER=0x4C;                     /*使能邮箱 2 和 3*/
    CANIMR=0xF7FF;                    /*邮箱 3 中断不使能*/
    CANIFR=0xFFFF;                    /清除所有中断标志/
}
```

⑤ 主程序文件 test10.c。

****

文件名：test10.c
作用：实现 CAN 的邮箱 3 发送数据，邮箱 2 接收数据。

****

```
#include"register.h"
```

```
extern void CANinit （）；
unsigned int flag；
/*CPU 初始化函数，这里只对与实验有关的关键语句说明*/
void cpu_init （void）
{
    SCSR1=0x0210；              /*时钟频率设置为 20 MHz，使能 CAN 时钟*/
    asm （" setc SXM"）；         /*符号扩展方式位有效*/
    asm （" clrc OVM"）；         /*累加器中结果正常溢出*/
    asm （" clrc CNF"）；         /*B0 块配置为数据空间*/
    WDCR=0x006f；
    SCSR2|=0x0003；
    WSGR=0x0000；
    IMR=0x0010；                /*使能 CAN 中断*/
    IFR=0xffff；
}
/*接收中断相应函数*/
void CANMBX_ISR （）
{
    CANRCR=0x40；               /*清除接收信息位，使能下一次接收信息中断*/
    flag=1；                    /*设置接收标志*/
}
/*主函数*/
void main （）
{
    Asm （" setc INTM"）；        /*关闭所有中断*/
    cpu_init （）；
CANinit （）；
flag=0；
    asm （" clrc INTM"）；        /*所有未屏蔽中断有效*/
    while （1）
    {
    CANTCR=0x20；                   /*邮箱 3 请求发数据*/
    while （CANTCR&0x2000= =0）；   /*等待邮箱 3 的信息发送成功标志置位*/
    CANTCR=0X2000；                 /*清除邮箱 3 的发送信息成功标志*/
    while （flag= =0）；             /*等待邮箱 2 接收数据成功*/
    flag=0；                        /*清除接收数据标志*/
    CANMDER=0x0000；                /*禁止所有邮箱*/
    CANMCR=0x0140；                 /*数据域改变请求，自测模式*/
    CANMBX3A=CANMBX2A+1；           /*邮箱 2 接收的数据加 1 用来更新邮箱 3 中的数
                                      据* /
```

```
            CANMBX3B=CANMBX2B+1;
            CANMBX3C=CANMBX3C+1;
            CANMBX3D=CANMBX2D+1;
            CANMCR=0x04C0;                /*数据按照 0~7 顺序发送，自测模式 */
            CANMDER=0x04C;                /*使能邮箱 2 和 3*/
        }
    }
/*CAN 中断函数*/
void interrupt CANINT（）
{
        switch（PIVR）                    /*是否为低优先模式的 CAN 邮箱中断*/
        {
            case 64: CANMBX_ISR（）; break;    /*执行中断相应函数*/

            default:                break;
        }
        asm（" clrc INTM");               /*所有未屏蔽中断有效*/
        return;
}
/*中断服务函数*/
void   interrupt nothing（）
{
        asm（" clrc INTM");               /*所有未屏蔽中断有效*/
        return;
}
```

五、实验步骤

① 关闭电源，把 KG 拨到右端，硬件连接如表 6.32 所示。

表 6.32 硬件连接表

LF2407A 中 JP1	仿真器的 JTAG 接口
T52	使用短路块接 2，3 引脚

② 2407EVM 板单独使用时，外 5V 电源接 J2 口，再把 KG 拨到左端（如果 2407EVM 板插在主板上则不需要此步）。

③ 打开 CCS，程序指针指向 0000H。

④ 新建一个文件夹，取名为 test10-CAN，把实验二中 register.h 复制到该文件夹下面（可以直接移植）、把 vectors.asm 复制到该文件夹下面（需要稍做修改）。新建一个项目，取名为 test10，加入源文件 test10.c 和 vectors.asm，再加入 test10.cmd 文件（该 cmd 文件的编写要求参考实验二的 test2.cmd 文件，自己编写），编译连接，然后下载可执行文件 test10.out。

⑤ 下载完毕，打开 4 个窗口：反汇编窗口（Dis-Assembly）、源程序窗口（test10.c）、源程序窗口（CAN_INIT.c）、数据观察窗口（Memory Data）。数据观察窗口可通过单击快捷图标"▢"，在出现的对话框中 Address：填写"0x7214"，代表邮箱 2 的 MBX2A 的地址；Page 页选择"DATA"。然后单击"OK"按钮。

⑥ 为了方便观察，可单击菜单"Windows/Tile"，出现如图 6.18 所示的对话框。

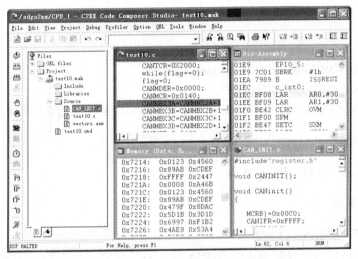

图 6.18　调试观察窗口

⑦ 在 test10.c 中的"CANMBX3A=CANMBX2A+1;"语句设置中断。可以让光标停在该语句，再单击图标"🖑"，就可以出现如图 6.18test10.c 框中所示的高亮行。

⑧ 单击运行，可以单击图标"🏃"。观察邮箱 2 的 MBX2A 到 MBX2D（其地址在数据存储区 0x7214～0x7217）和邮箱 3 的 MBX3A～MBX3D（其地址在数据存储区 0x721C～0x721F）中的内容是否与图 6.18 一致。下一步单击单步运行"🖑"图标 4 次，观察邮箱 2 和邮箱 3 中存储的内容是否与下面表达一致。

```
0x7214:   0x0123 0x4560 0x89AB 0xCDEF
0x7218:   0xFFFF 0x2447 0x0008 0xA46B
0x721C:   0x0124 0x4561 0x89AC 0xCDF0
```

⑨ 上面步骤都正确说明 CAN 的自测模式已经实现。

六、实验报告要求

① 读懂 CAN 初始化函数，要求写出 CAN_INIT 的流程。

② 要求更改程序代码实现以下几点。

a．CAN 模块仍然工作在自测试模式。

b．邮箱 3 接收数据，邮箱 2 发送数据，邮箱 2 发送的 4 字数据分别是 0xFEDC、0xBA98、0x7654、0x3210。

c．邮箱 3 在接收到数据后采用减 1 来更新邮箱 2 中待发送的数据。

d．CAN 模块的波特率设置为 500 kbit/s。

要求在实验报告中写出程序代码，像表 6.29 一样列出各项配置指标。

七、思考题

此实验的数据帧发送数据使用的是标准标志符的数据帧，如果使用扩展标志符的数据帧又怎样设置？

实验十一　Flash 烧写实验

一、实验目的

① 了解 TMS320LF2407A 的内部 Flash 资源。
② 学会安装 CC C2000 的烧写软件。
③ 学会对内部 Flash 的正确操作，比较烧写 Flash 与下载代码到外部 RAM 的区别。

二、实验设备

DSP 实验箱、仿真器、PC 机。

三、实验原理

1. TMS320LF2407A 的 Flash 资源

DSP 可以访问的程序存储器空间为 64K 字。程序存储空间的配置有两种，一种是 64K 字存储空间全部位于外部存储器；另一种是内部 FLASH 存储空间使能，TMS320LF2407A 内部有 32K 字（16 位）的 Flash 空间，其存储空间范围为 0X0000h～0X7FFFh，而可用的外部存储空间为 0X8000h～0XFFFFh。这主要通过对微处理器/微控制器方式选择引脚（MP/MC）的电平高低来处理。图 6.19 所示为 2407A 的程序存储空间的资源分配。

程序空间 MP/MC=1, T52（2，3） 微处理器模式		程序空间 MP/MC=0, T52（1，2） 微控制器模式	
0000 003F	中断，外部 RAM	0000 003F	中断，片内 FLASH
0040 7FFF	外部 RAM	0040 7FFF	片内 FLASH
8000 87FF	PON=1，片内 SARAM PON=0，外部 RAM	8000 87FF	PON=1，片内 SARAM PON=0，外部 RAM
8800 FDFF	外部 RAM	8800 FDFF	外部 RAM
FE00 FEFF	CNF=1，片内 DARAM CNF=0，外部 RAM	FE00 FEFF	CNF=1，片内 DARAM CNF=0，外部 RAM
FF00 FFFF	CNF=1，片内 DARAM CNF=0，外部 RAM	FF00 FFFF	CNF=1，片内 DARAM CNF=0，外部 RAM

图 6.19　LF2407A 系统板的程序存储空间资源

工作方式选择一般在硬件上实现，即在 MP/MC 引脚上接一个跳线接口，就可以实现硬件选择该引脚的工作模式,跳线 T52 用来选择工作模式:当 T52 接 2,3 位置时,则 MP/$\overline{MC}$=1,所以内部 FLASH 存储空间被禁止。如果 T52 接 1,2 位置时,则 MP/$\overline{MC}$=0,所以内部 FLASH 存储空间被使能。

2. Flash 的烧写软件介绍

① Flash 的烧写软件的安装:打开光盘中的"Lf24xx 烧写 FLASH"文件夹,打开"c2000flashprogsw_v104",单击 setup.exe 按照提示进行安装(如果已经安装,此步取消)。安装路径在 C:\tic2xx(这里默认为 CCC2000 的安装路径在此目录下,以下不特别申明都认为是此路径)下。安装完毕后在 CC C2000 的 Tools 菜单下将会出现 Program Flash 这一项。

② 把光盘中的"Timings.20"复制到 C:\tic2xx\Algos\lf2407a\include 路径下。

3. 此实验提供的例程

通过此实验学会操作 2407A 的内部 Flash。由于此实验设置的时钟频率为 20 MHz,所以需要配置时钟频率为 20 MHz 的配置文件,在烧写前需要把光盘中的"Timings.20"复制到 C:\tic2xx\Algos\lf2407a\include 路径下。

四、实验内容

在这个项目文件夹下面包括 4 个源文件,分别是头文件 register.h、命令链接文件 test11.cmd、源程序代码文件包含中断向量表分配文件 vectors.asm、主程序文件 test11.c。

1. 头文件 register.h 文件

可以直接移植光盘中提供的 register.h 文件,注意更改其只读方式的属性。

2. 中断向量表分配 vectors.asm 文件

中断向量表分配 vectors.asm 文件,直接移植实验二中的 vectors.asm。

每一条无条件跳转汇编语句占用 2 字的程序空间,6 个按优先级获得服务的可屏蔽中断为 INT1~INT6、5 个不可屏蔽中断、21 个软件中断一共 32 个中断,占用 64 字空间,分别存放程序空间从 0000H~0040H 的位置。

3. 命令链接文件 test11.cmd

命令链接文件 test11.cmd 中的 MEMORY 存储空间分配和 SECTION 段分配代码可以移植实验二的 test2.cmd,需要修改:

```
*********************************************
文件名:test11.cmd
作用:分配程序和数据空间以及各不同段的分配。
*********************************************
-o test11.out          /*产生可执行下载文件,文件名可以根据不同项目而定*/
-m test11.map          /*产生存储器映射文件,文件名可以根据不同项目而定*/
test11.obj          /*输入程序目标代码文件*/
vectors.obj          /*输入中断目标代码文件*/
```

命令链接文件是将链接信息存放在一个文件夹中,这在多次使用同样的链接信息时,可以方便地调用。

4. 主程序 test11.c 文件

```
*********************************************
文件名:test11.c
```

作用：实现 I/O 控制指示灯间隙闪烁。

****

完全参照实验三。

　　　　　此实验的实验目的是学会正确烧写 2407A 的内部 Flash，因为不当的操作可能会永久性损伤 2407A 的内部 Flash 空间。

注意

五、实验步骤

① 关闭电源，把 KG 拨到右端。

拆除以下连线，如表 6.33 所示。

表 6.33　　　　　　　　　　　　**Flash 操作需要拆除的连线表**

T52	使用短路块接 2，3 引脚

连接以下连线，如表 6.34 所示。

表 6.34　　　　　　　　　　　　**Flash 操作需要重新连接的连线表**

T15	使用短路块接 1，2 引脚
2407A 插板上的 T51	使用短路块接 2，3 引脚
2407A 插板上的 T52	使用短路块接 1，2 引脚

② 安装 Lf24xx 烧写 Flash 软件。

③ 2407EVM 板单独使用时，外 5V 电源接 J2 口，再把 KG 拨到左端（如果 2407EVM 板插在主板上则不需要此步）。

④ 打开 CCS，程序指针指向 0000H。

⑤ 新建一个文件夹，取名为 test11-Flash，把 register.h 存放到该文件夹下面，把 vectors.asm 存放到该文件夹下面。新建一个项目，取名为 test11，加入源文件 test11.c 和 vectors.asm，再加入 test11.cmd 文件，编译连接，生成可执行下载文件 test11.out。

⑥ 单击菜单的 Tools\Program Flash，进入图 6.20 所示的对话框，选中 TMS320LF2407A 设备。

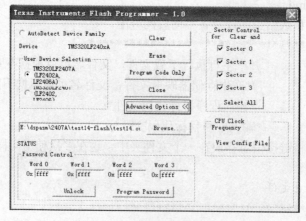

图 6.20　Flash 编程对话框

⑦ 单击"Advance Options"，出现图 6.20 所示的对话框，再单击"View Config File"，将会出现 VAR.h 文件。

需要更改的地方如表 6.35 所示。

表 6.35   VAR.h 文件修改前后对比表

更改前			更改后		
PLL_RATIO_CONST	.set	0000h	；PLL_RATIO_CONST	.set	0000h
；PLL_RATIO_CONST	.set	0200h	PLL_RATIO_CONST	.set	0200h
.include	"timings.30"		.include	"timings.20"	

更改后的文件如图 6.21 所示。

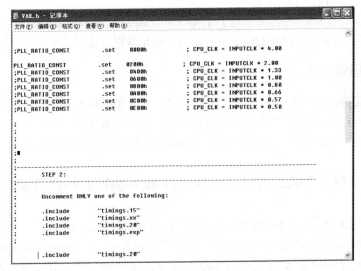

图 6.21　更改后的 VAR.h 文件

⑧ 保存并关闭 VAR.h 文件。

⑨ 打开 C:\tic2xx\Algos\lf2407a\include\VAR.h 文件,确定与前面更改的一致。然后单击并运行 C:\tic2xx\Algos\lf2407a\buildall.bat，按回车，确定无误后。关闭该批处理文件。

⑩ 再回到第 2 步的 Flash 烧写对话框。单击 Browse... 按钮，选中下载的程序代码 2407A 的 test11.out，然后按照 Unlock → Clear → Erase → Program Code Only 的步骤下载代码。

⑪ 以上每一步都提示正确后,不要改变 Password Control Word 0 0x ffff Word 1 0x ffff Word 2 0x ffff Word 3 0x ffff 中的数据,单击 Program Password 按钮（如果要改密码，则一定要记住该密码，否则下次不能再对 2407A 的内部 Flash 进行编程），然后关闭 Flash 烧写对话框。如果此步不成功的话，（在排除 Flash 已经损坏的情况下）可以重复第⑨步，重新运行 buildall.bat，编译 VAR.h 文件，然后再执行第⑩步。

⑫ 单击运行图标"🏃"，可以观察 2407A 插板上的 2 个指示灯间隙闪烁。

⑬ 关闭 CC C2000 软件，关电。

拆除以下连线：

2407A 插板上的 T51	使用短路块接 2，3 引脚

连接以下连线：

2407A 插板上的 T51	使用短路块接 1，2 引脚

开电，不进入 CC C2000 软件，可以看见 2407A 插板上的 2 个指示灯间隙闪烁。

⑭ 以上步骤都正确后，关电，拔去 T51 上的短路器，短接 T52 的 2，3 引脚。使 2407A 板处于烧写 RAM 方式。

六、预习要求

注意，以上所有实验都是把程序烧入到外存储器的 71V016 中，现在使用烧写 Flash 方式，一定要在实验前做好预习工作，一定要按照步骤操作，否则容易永久性损坏 2407A 的内部 Flash，导致不能使用内部 Flash 空间。

① 仔细阅读此实验后的附录"关于 TMS320LF2407A 的 FLASH 编程的补充说明"。
② 查找有关资料学习 TMS320LF2407A 的 Flash 编程方法。

七、实验报告要求

① 要求在实验前完成 Flash 的烧写详细步骤，并交给教师检查。
② 应当怎样把第二部分实验五的内容烧写到内部 Flash 中？
③ 在烧写完 Flash 后应当怎样把实验三的内容下载到外部 RAM 中？

关于 TMS320LF2407A 的 Flash 编程的补充说明

TI 现在关于 LF24x 写入 Flash 的工具最新为 c2000flashprogsw_v112，可以支持 LF2407、LF2407a、LF2401 及相关的 LF240x 系列。建议使用此版本。在 http://focus.ti.com/docs/tool/toolfolder.jhtml?PartNumber=C24XSOFTWARE 上可以下载到这个工具。我们仿真器自带的光盘中也有此烧写程序。

在使用这个工具时应当注意以下几点。

（1）先解压，再执行 setup.exe。

（2）进入 cc 中，在 tools 图标下有烧写工具。

① 关于 Flash 时钟的选择，此烧写工具默认最高频率进行 Flash 的操作。根据目标系统的工作主频要重新进行 PLL 设置。方法：先在 advance options 下面的 View Config file 中修改倍频。存盘后，运行相应的目录下（tic2xx\algos\相应目录）buildall.bat 就可以完成修改了。再进行相应的操作即可。

② 若所选的频率不是最高频率，还需要设定 timings.xx 来代替系统默认的最高频率的 timings.xx。例如，LF2407a 的默认文件是 timings.40。Timings.xx 可以利用 include\timings.xls 的 excel 工作表来生成，然后在 advance options 下面的 View Config file 中修改相应的位置。存盘后，运行相应的目录下 buildall.bat 就可以完成修改了。

③ 对于 TMS320LF240XA 系列，还要注意：由于这些 DSP 的 Flash 具有加密功能，加密地址为程序空间的 0x40-0X43H，程序禁止写入此空间，如果写了，此空间的数据被认为是加密位，断电后进入保护 Flash 状态，使 Flash 不可重新操作，从而使 DSP 报废，烧写完

毕后一定要进行 Program passwords 的操作，如果不做加密操作就默认最后一次写入加密位的数据作为密码。

④ 建议如下。

a. 一般调试时，在 RAM 中进行。

b. 程序烧写时，避开程序空间 0x40-0x43H 加密区，程序最好小于 32K。

c. 每次程序烧写完后，将 word0、word1、word2、word3 分别输入自己的密码，再单击 Program password，如果加密成功，提示 Program is arrayed，如果 0x40-0x43h 中写入的是 ffff，认为处于调试状态，Flash 不会加密。

d. 断电后，下次重新烧写时需要往 word0～word3 输入已设的密码，再 unlock，成功后可以重新烧写了。

⑤ VCPP 管脚接在+5 V 上，是应直接接的，中间不需要加电阻。

⑥ 具体事宜请阅读相应目录下的 readme1、readme2 帮助文件。

实验十二 直流电动机测转向实验

一、实验目的

① 熟悉 DSP 正交脉冲编码器的原理。
② 掌握测量直流电动机转向的方法。

二、实验设备

DSP 实验箱、仿真器、直流电动机调速模块、PC 机、示波器。

三、实验原理

1. 电动机工作

通常直流电动机由一串脉冲控制,通过调节脉冲的电平、持续时间可以使电动机正转、反转、加速、减速和停转。转动的原理:转动的方向由电压控制,电压为正电动机顺时针转;电压为负电动机逆时针转。转速的大小由输出脉冲的占空比决定,占空比大则转速大。

2. 正交编码器脉冲电路的解码

正交编码器脉冲电路包括两个脉冲序列,是频率变化的正交脉冲序列。EVA 的 QEP 电路的方向检测逻辑测定哪个脉冲序列的相位领先,然后产生一个方向信号作为通用定时器 2 的方向输入。如果 QEP1 的输入为相位领先的脉冲序列,选定的定时器递增计数。如果 QEP2 的输入为相位领先的脉冲序列,选定的定时器递减计数。

3. 光电编码原理

本实验编码为光电方式。它主要是通过两个光电开关对直流电动机上的编码盘进行编码,将具有确定透过图样的码盘固定在电动机转轴上,在赤道仪上安装两个光电开关,探测编码盘光线的通断,如图 7.1(a)、图 7.1(b)所示。

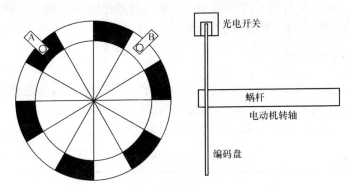

图 7.1（a）　光电编码盘

A 与 B 两个探测器产生的信号的相位相差 90°，以此来判断电动机转动的方向。

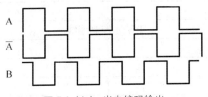

图 7.1（b）　光电编码输出

A 与 B 两个探测器输出接 2407A 的正交编码脉冲（QEP）电路。这两路的输出分别接 TMS320LF2407A 的 QEP1 和 QEP2 引脚。

图 7.2 所示的相位领先序列为 A，图 7.3 所示的相位领先序列是 B。

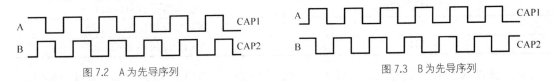

图 7.2　A 为先导序列　　　　　　　　　图 7.3　B 为先导序列

4. 编码电路

实验中每路光电检测电路如图 7.4 所示。

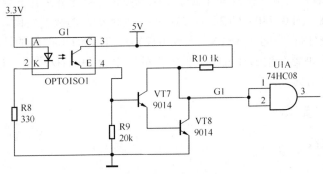

图 7.4　光电检测电路

光发射和光接收使用两路电源，可以有效提高抗干扰能力。当光电开关遇到阻挡物时，接收晶体管不导通，当没有阻挡物时，接收晶体管导通，随着电动机的转动，74HC08 输出一系列脉冲波形。由于 A 与 B 两个探测器产生的信号的相位相差 90°，两路 74HC08 输出的脉冲波形就是相位相差 90° 的正交脉冲波。

四、实验步骤和内容

① 直流电动机调速模块丝印图中,直流电源插孔在左下脚,从左至右依次为 GND、+5 V、3.3 V。信号测试点在右下脚,从上到下依次为 BMOUT1、BMOUT2。

② 关闭电源,把 KG 拨到右端。硬件连接如表 7.1 所示。

表 7.1 　　　　　　　　　　　　　硬件连接表

电源连线	
2407EVM 板	直流电动机调速
P3.1（3.3 V）	3.3 V
TP51.3（5 V）	+5 V
P3.33（GND）	GND
PWM 控制连线	
2407EVM 板	直流电动机调速
P6.6（T3CMP）	PWM.2
P3.31（GND）	PWM.1
脉冲编码输出连线	
2407EVM 板	直流电动机调速
P3.17（CAP1/QEP1）	BMOUT.1
P3.18（CAP2/QEP2）	BMOUT.2
2407EVM 板连线	
LF2407A 中 JP1	仿真器的 JTAG 接口
T52	使用短路块接 2,3 引脚
T15	使用短路块接 1,2 引脚

③ 2407EVM 板单独使用时,外 5V 电源接 J2 口,再把 KG 拨到左端（如果 2407EVM 板插在主板上则不需要此步）。

④ 打开 CCS,程序指针指向 0000H。

⑤ 运行 CCS 软件,调入样例程序\test12PWM-con,编译链接并下载运行。观察直流数据存储空间（DATA）的 0x7405（T2CNT 的内存映射地址）的数据变化。

实验现象：观察内存空间（DATA）区间 0x7405（T2CNT）的值的计数方向,应当是从 0 开始增加。使用示波器观察 BMOUT 处的波形的频率为 310 Hz 左右。BMOUT1 的相位比 BMOUT2 的相位超前 90°。

五、实验报告要求

① 要求改变接线
删除以下连线：
P6.6（T3CMP）　　　　PWM.2　　；（此中连接方式电动机应当顺时针转）
P3.31（GND）　　　　 PWM.1
连接以下连线：

P6.6（T3CMP）　　　　PWM.1　　；（此中连接方式电动机应当逆时针转）

P3.31（GND）　　　　PWM.2

实验现象：观察内存空间（DATA）区间 0x7405（T2CNT）的值的计数方向，应当是从 0XFFFF 开始减小。BMOUT1 的相位比 BMOUT2 的相位滞后 90°。

② 简述 TMS320LF2407A 测直流电动机转向的原理。

实验十三　直流电动机测转速和 PID 调速实验

一、实验目的

① 熟悉 DSP 的 CAP 捕获功能。

② 掌握测量直流电动机转速的方法。

③ 学会使用 DSP 对直流电动机进行调速。

二、实验设备

DSP 实验箱、仿真器、直流电动机调速模块、PC 机、示波器。

三、实验原理

1. 电动机工作

通常直流电动机由一串脉冲控制，通过调节脉冲的电平、持续时间可以使电动机正转、反转、加速、减速和停转。转动的原理：转动的方向由电压控制，电压为正电动机顺时针转；电压为负电动机逆时针转。转速的大小由输出脉冲的占空比决定，占空比大则转速大。

2. CAP 捕获测速原理

TMS320LF2407A 的资源丰富，有 CAP 捕获输入引脚，有 PWM 控制输出引脚。可以利用捕获功能计算得到直流电动机的当前转速。TMS320LF2407A 的事件管理器模块为控制系统（运动控制和电动机控制）的开发提供了强大功能。

TMS320LF2407A 包括两个事件管理器模块：EVA 和 EVB。每个事件管理器模块包括通用定时器（GP）、比较单元、捕获单元以及正交脉冲倍频电路。两个事件管理器模块的这些单元功能都分别相同。这里主要介绍捕获单元。

EVA 有 3 路 CAP 捕获电路，捕获特性如下。

① 6 位的捕获控制寄存器 CAPCONx。

② 16 位的捕获 FIFO 状态寄存器 CAPFIFOx。

③ 可选择通用定时器 1/2 作为时基。

④ 16 位 2 级深的 FIFO 栈（CAPxFIFO）。

⑤ 3 个施密特触发器输入引脚，每个捕获单元一个输入引脚。

⑥ 用户可定义跳变检测方式。

⑦ 具有可屏蔽的中断标志位。

每个捕获单元有一个对应的 2 级深度 FIFO 堆栈。堆栈的顶层是 CAPxFIFO，堆栈的底层是 CAPxFBOT。当位于 FIFO 堆栈顶部寄存器中的计数值被读出时，FIFO 堆栈底部寄存器的新计数值就会被压入顶部寄存器。

如果堆栈是空的，计数值被写入到 FIFO 堆栈的顶部寄存器 CAPxFIFO 中。如果在以前捕获的计数值被读取之前，又发生一次捕获，那么新值被压入底部寄存器，第二次捕获会将寄存器的相应的捕获中断标志位置 1。如果中断没有被屏蔽，则会产生一个中断请求。

本实验原理框图如图 7.5 所示。

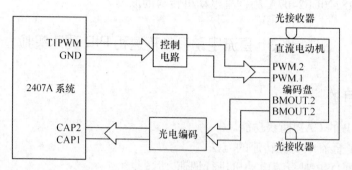

图 7.5　原理框图

此实验是一个闭环的 PID 调节的过程，2407A 插板上的 PWM 输出连接直流电动机调速模块的 PWM 输入，直流电动机转动后，光电开关会进行编码，两路正交脉冲编码被 2407A 的 CAP 捕获，并通过计算得到当前电动机的转速。在设定电动机转速后，电动机的当前转速会迅速地调节到设定的转速。

3. 控制电动机正反转动电路原理图

PWM 控制电动机转动电路图如图 7.6 所示。

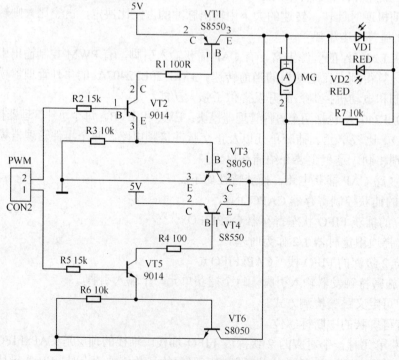

图 7.6　PWM 控制电动机转动电路图

当 PWM.2 导通，PWM.1 不导通（接地）时，电动机顺时针方向转动，伴随着直流电动机调速模块上的红色发光二极管会亮，调节 PWM.2 的占空比可以调节直流电压，进而控制直流电动机顺时针的转速。当 PWM.1 导通，PWM.2 不导通（接地）时，电动机逆时针方向转动，伴随着直流电动机调速模块上的绿色发光二极管会亮，调节 PWM.1 的占空比可以调节直流电压，进而控制直流电动机逆时针的转速。

在图中 PWM.1 和 PWM.2 两条电路不能同时导通。

四、实验步骤和内容

① 直流电动机调速模块丝印图中，直流电源插孔在左下脚，从左至右依次为 GND、+5 V、3.3 V。信号测试点在右下脚，从上到下依次为 BMOUT1、BMOUT2。

② 关闭电源，把 KG 拨到右端，硬件连接如表 7.2 所示。

表 7.2	硬件连接表
电源连线	
2407EVM 板	直流电动机调速
P3.1（3.3 V）	3.3 V
T51.3（5 V）	+5 V
P3.33（GND）	GND
PWM 控制连线	
2407EVM 板	直流电动机调速
P6.6（T3CMP）	PWM.2
P3.31（GND）	PWM.1
脉冲编码输出连线	
2407EVM 板	直流电动机调速
P3.17（CAP1/QEP1）	BMOUT.1
P3.18（CAP2/QEP2）	BMOUT.2
2407EVM 板连线	
LF2407A 中 JP1	仿真器的 JTAG 接口
T52	使用短路块接 2，3 引脚
T15	使用短路块接 1，2 引脚

③ 2407EVM 板单独使用时，外 5V 电源接 J2 口，再把 KG 拨到左端（如果 2407EVM 板插在主板上则不需要此步）。

④ 打开 CCS，程序指针指向 0000H。

⑤ 运行 CCS 软件，调入样例程序\test13PWM-ts，编译链接并下载运行。

⑥ 使用示波器观察 BMOUT.1 和 BMOUT.2 的波形，应当是相位相差 90°的方波。

⑦ 实验现象：此实验运行后观察 BMOUT.1（BMOUT.2）处的的编码频率为 500 Hz 左右。

程序中变量 period、frequence 为计算当前结果。其中，period 为计算当前周期，fquence 为计算当前频率。变量"set_freq"值为需要调节的转速，需要在软件中设定。

⑧ 修改程序中变量"set_freq"的值，重新编译并下载，运行发现 BMOUT.1 和 BMOUT.2 处的频率迅速调节到设定值（注意如果运行程序后，光电编码盘不转，用手稍微拨动一下编码盘即可）。

五、实验报告要求

① 要求读懂程序这个实现过程和 PID 算法，并画出程序流程图。
② 记录实验过程中 PWM.1、PWM.2、BMOUT.1 和 BMOUT.2 的波形。修改设定转速并记录观察的实验现象。

实验十四　交流电动机测速和 PID 调速实验

一、实验目的

① 掌握交流电动机测速的方法。
② 学会使用 DSP 对交流电动机进行调速。

二、实验设备

DSP 实验箱、仿真器、交流电动机模块、PC 机、示波器。

三、实验原理

1. 交流风扇介绍

此交流风扇的额定转速是每分钟 2400 转，在风扇的上测标明了扇叶的转向和转速。风扇两端直接接 220 V，风扇会全速转动，通过光电二极管编码得到的编码速律是（2400/60）× 7=280 转/秒，不是交流风扇的实际转速，但是为了方便计算，在程序中把交流风扇的实际转速 frequence 和设定转速 set_freq 都放大了 7 倍。

2. 控制原理

TMS320LF2407A 的资源丰富，有 CAP 捕获输入引脚，有 PWM 控制输出引脚。可以利用 CAP 捕获输入引脚获得过零点，也可以利用捕获功能计算得到交流风扇的当前转速。可以利用 PWM 输出控制控制门的导通，从而触发可控硅，使得交流风扇通电转动。利用 2407A 系统控制交流风扇的原理框图如图 7.7 所示。

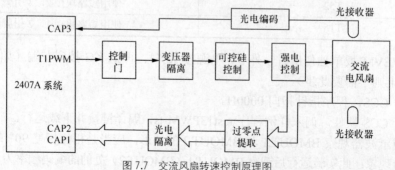

图 7.7　交流风扇转速控制原理图

控制交流电动机，主要要解决两个问题：①弱电系统和强电系统的隔离；②对强电的控制。这里利用普通的双向可控硅设计改变每周导通的起始点（即改变控制角）的交流调压控制方法。根据 PID 的调节结果来确定每周需要调节的相位 α。在软件算法上使用定时器 1（timer1）来计时，当计时时间达到时，表示调节到此周波内恰当相位 α。改变相位 α 的大小，便可以调节输出交流电压的大小，实施风扇转速的调节。具体的控制过程如下。

（1）过零点提取

改变每周导通的起始点，首先需要提取市电的过零脉冲，在零点开始调节计数。过零点的提取电路如图 7.8 所示。

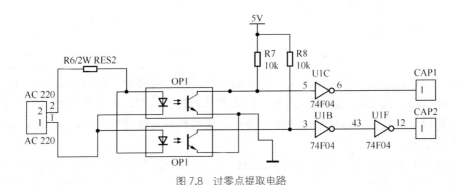

图 7.8　过零点提取电路

采用双光耦提取过零点。过零点提取后经过缓冲送入 2407A 的 CAP 捕获输入引脚。这种方法会由于光耦的光发射二极管的正向导通压降（0.7 V）存在一个导通误差，这里忽略此误差在整个调节范围中的影响。

（2）光电二极管对旋动的扇叶编码

利用红外光收发元件照射交流电动机旋动的扇叶进行编码，交流电动机的旋转速率不同，所得的编码频率不同。具体电路如图 7.9 所示。

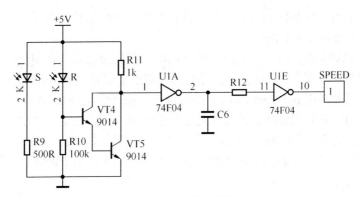

图 7.9　光电编码电路

光电编码后的输出脉冲作为 2407A 的 CAP3 捕获输入，为了提供抗噪声能力，在软件中我们还是对捕获进来的数据进行一定的处理，删除不合理的数据。

（3）交流风扇控制

交流风扇控制的具体电路如图 7.10 所示。

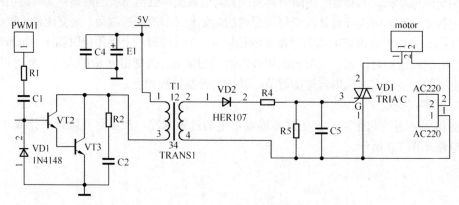

图 7.10 交流风扇控制电路

弱电系统和强电系统的隔离，采用的是隔离变压器。对强电的控制采用的是双向可控硅控制，当定时器 1 的计数值还未达到此次需要调节的相位 α 时，控制 PWM 波形的不输出，当达到需要调节的相位 α 时就输出 PWM 波形。通过控制可控硅的开启和自关断，达到控制交流电压的目的。

图 7.10 中隔离变压器的电感量是 12 mH。在 Q2 和 Q3 导通的瞬间，在感性负载上的电流逐渐增大，为了防止晶体管损坏，可以用增大电感量或者提高 PWM 的载波频率来控制晶体管的导通或截止。由于提高 PWM 的载波频率在程序中容易实现，这里采用提高 PWM 的载波频率的方法。

根据公式：$u = L(\Delta ic)/\Delta t$；$\Delta f = 1/\Delta t = (u/L)/\Delta ic$；$u = L(\Delta ic)/\Delta t$；

上式中 u=5 V；L=12 mH；Δic 取 100 mA；

计算得到 Δf_{min}=2.1kHz；

程序中导通的 PWM 输出的频率是 3.125 kHz，可以满足要求。

3．程序说明

此实验是一个闭环的 PID 调节的过程，设定的交流风扇的转速需要在程序中设定。设定交流风扇的转速的变量是 set_freq。

2407A 通过 CAP3 捕获到 6 个反应交流风扇的当前转速的值存在 a[6]中，再对这 6 个值经过"计算周期频率函数"c_result()，计算得到风扇的实际转速 frequence。为了使当前转速达到设定转速，需要调用 pid_control(float current_freq)函数进行 PID 调节。

2407A 的 CAP1 和 CAP2 捕获的是都是过零点的那一刻。由于程序中 CAP1 采用双沿中断（上升沿和下降沿都进入中断），因此，只要开一路中断（CAP1）就可以正确得到过零点。在进入 CAP1 中断后就需要根据 pid_d 的调节结果，控制不输出 PWM 波形的时间并开定时器 timer1，使得定时器开始计数。

在进入到 timer1 的中断时，说明定时器计算不输出 PWM 的时间已经完成（即计算本周导通的起始点即将开始），就需要输出 PWM 波形，同时关定时器。

考虑到此模块涉及对强电部分的控制，我们把对强电的控制部分电路埋在交流电动机的固定盒中，通过 20 根双排湾插针（J1 和 J2）固定在顶面的 PCB 上。弱电部分和强电部分在布板上已经隔开（最短隔离距离 4 mm）。

在实验过程中请不要随便拆开此模块盒，不要用力扯交流电源线。如有异常应当迅速断电。

四、实验步骤和内容

① 交流电动机模块丝印图中，直流电源插孔在上方，从左至右依次为 GND、+5V、3.3V。信号测试点在右下脚为 SPEED。

② 关闭电源，把 KG 拨到右端，硬件连接如表 7.3 所示。

表 7.3　　　　　　　　　　　　　　　　**硬件连接表**

电源连线	
2407EVM 板	交流电动机
P3.1（3.3 V）	3.3 V
T51.3（5 V）	+5 V
P3.33（GND）	GND
PWM 控制连线	
2407EVM 板	交流电动机
P6.4（T1CMP）	PWM1
脉冲编码输出连线	
2407EVM 板	交流电动机
P3.26（CAP3）	SPEED
P3.17（CAP1/QEP1）	CAP1
P3.18（CAP2/QEP2）	CAP2
2407EVM 板连线	
LF2407A 中 JP1	仿真器的 JTAG 接口
T52	使用短路块接 2，3 引脚

③ 2407EVM 板单独使用时，外 5 V 电源接 J2 口，再把 KG 拨到左端（如果 2407EVM 板插在主板上则不需要此步）。

④ 插上交流模块的交流电源。

⑤ 打开 CCS，程序指针指向 0000H。

⑥ 运行 CCS 软件，调入样例程序\test14-jiaoliu，编译链接并下载运行。

⑦ 使用示波器观察 SPEED 的波形，反映的是交流电动机当前的转速。

⑧ 实验现象：此实验运行后观察 SPEED 处的的编码频率为 100Hz 左右。程序中变量 period、frequence 为计算当前结果。其中，period 为计算当前周期，fequence 为计算当前频率。变量"set_freq"值为需要调节的转速，需要在软件中设定。

⑨ 修改程序中变量"set_freq"（程序中给定的范围 70~200）的值，重新编译并下载，运行发现 SPEED 处的频率调节到设定值。

五、实验报告要求

① 要求读懂程序这个实现过程和 PID 算法，并画出程序流程图。

② 记录实验过程中 SPEED 处的波形。修改设定转速并记录观察的实验现象。

DSP2407 部分	FPGA 管脚分配	按键部分	FPGA 管脚分配
D14	PIN20	KEY1	PIN101
D12	PIN22	KEY2	PIN102
D10	PIN26	KEY3	PIN109
D8	PIN28	KEY4	PIN110
D6	PIN30	KEY5	PIN99
D4	PIN32	KEY6	PIN100
D2	PIN36	KEY7	PIN97
D0	PIN38	KEY8	PIN98
D1	PIN39		
D3	PIN37	显示部分	
D5	PIN33	FPGA_SA	PIN144
D7	PIN31	FPGA_SB	PIN143
D9	PIN29	FPGA_SC	PIN142
D11	PIN27	FPGA_SD	PIN141
D13	PIN23	FPGA_SE	PIN140
D15	PIN21	FPGA_SF	PIN138
		FPGA_SG	PIN137
CS1	PIN9	FPGA_Dp	PIN136
OE	PIN11		
CS2	PIN10	FPGA_SL1	PIN135
A0	PIN19	FPGA_SL2	PIN133
LV16245 片选	PIN13	FPGA_SL3	PIN132
		FPGA_SL4	PIN131
IDE0_RST	PIN41	FPGA_SL5	PIN130
A1	PIN18	FPGA_SL6	PIN128

DSP2407 部分	FPGA 管脚分配	按键部分	FPGA 管脚分配
A2	PIN17	FPGA_SL7	PIN122
A3	PIN14	FPGA_SL8	PIN121
WE	PIN7	D/A 部分	
XINT2	PIN8	DA_D0	PIN87
		DA_D1	PIN88
XINT1	PIN12	DA_D2	PIN89
		DA_D3	PIN90
串口		DA_D4	PIN91
PC_RXD	PIN120	DA_D5	PIN92
PC_TXD	PIN119	DA_D6	PIN95
		DA_D7	PIN96
PS/2 接口		DA_CS	PIN86
PS2_DATA	PIN118		
PS2_CLK	PIN117		
VGA 接口		A/D 部分	
VGA_HS	PIN116		
VGA_VS	PIN114	AD_D1	PIN82
VGA_RED	PIN113	AD_D2	PIN81
VGA_GREEN	PIN112	AD_D3	PIN80
VGA_BLUE	PIN111	AD_D4	PIN79
		AD_D5	PIN78
LCD 接口		AD_D6	PIN73
D7	PIN42	AD_D7	PIN72
D6	PIN43	AD_D8	PIN70
D5	PIN44	AD_CS	PIN83
D4	PIN46	AD_CLK	PIN69
D3	PIN47		
D2	PIN48		
D1	PIN49	频率源	
D0	PIN51	50 MHz	PIN55
A0	PIN59	12 MHz	PIN125

续表

DSP2407 部分	FPGA 管脚分配	按键部分	FPGA 管脚分配
CS2	PIN60	4.194304 MHz	PIN124
CS1	PIN62		
		TES1	PIN63
		TES2	PIN65
		TES3	PIN67
发光二极管		TES4	PIN64
LD1	PIN29		
LD2	PIN28	拨码开关	
LD3	PIN27	K1	PIN31
LD4	PIN26	K2	PIN33
LD5	PIN23	K3	PIN32
LD6	PIN22	K4	PIN37
LD7	PIN21	K5	PIN36
LD8	PIN7	K6	PIN39
LD9	PIN9	K7	PIN38
LD10	PIN11	K8	PIN41
LD11	PIN12		
LD12	PIN13		
LD13	PIN14		
LD14	PIN17		
LD15	PIN18		
LD16	PIN19		

参 考 文 献

[1] 张雄伟. DSP 集成开发与应用实例[M]. 北京：电子工业出版社，2002.

[2] 张雄伟. DSP 芯片原理的开发与应用[M]. 北京：电子工业出版社，2000.

[3] 戴逸民. 基于 DSP 的现代电子系统设计[M]. 北京：电子工业出版社，2002.

[4] 钮心忻，杨义先. 软件无线电技术与应用[M]. 北京：北京邮电大学出版社，2000.

[5] 杨小牛，楼义才，徐建良. 软件无线电原理与应用[M]. 北京：电子工业出版社，2001.

[6] 郑红，吴冠. TMS320C54x DSP 应用系统设计[M]. 北京：北京航空航天大学出版社，2002.

[7] 江思敏. TMS320LF2407A DSP 硬件开发教程[M]. 北京：机械工业出版社，2003.

[8] 刘和平. TMS320LF2407A DSP 结构、原理及应用[M]. 北京：北京航空航天大学出版社，2002.

[9] 刘和平. TMS320LF2407A DSPC 语言开发应用[M]. 北京：北京航空航天大学出版社，2003.

[10] 韩安太. DSP 控制器原理及其在运动控制系统中的应用[M]. 北京：清华大学出版社，2003.